10分钟

学做上班族

便当

10分钟系列

郑颖 主编

黑龙江科学技术出版社
HEILONGJIANG SCIENCE AND TECHNOLOGY PRESS

图书在版编目（CIP）数据

10分钟学做上班族便当 / 郑颖主编 . -- 哈尔滨：
黑龙江科学技术出版社 , 2018.9
（10分钟系列）
ISBN 978-7-5388-9806-4

Ⅰ . ① 1… Ⅱ . ①郑… Ⅲ . ①食谱 Ⅳ . ① TS972.12

中国版本图书馆 CIP 数据核字 (2018) 第 129325 号

10 分 钟 学 做 上 班 族 便 当

10 FENZHONG XUE ZUO SHANGBANZU BIANDANG

作　　者	郑　颖
项目总监	薛方闻
责任编辑	马远洋
策　　划	深圳市金版文化发展股份有限公司
封面设计	深圳市金版文化发展股份有限公司
出　　版	黑龙江科学技术出版社

地址：哈尔滨市南岗区公安街 70-2 号　邮编：150007
电话：（0451）53642106　传真：（0451）53642143
网址：www.lkcbs.cn

发　　行	全国新华书店
印　　刷	深圳市雅佳图印刷有限公司
开　　本	723 mm × 1020 mm　1/16
印　　张	10
字　　数	120 千字
版　　次	2018 年 9 月第 1 版
印　　次	2018 年 9 月第 1 次印刷
书　　号	ISBN 978-7-5388-9806-4
定　　价	39.80 元

Contents

10分钟也能做出美味便当！

Chapter 1
现在开始做便当吧

Chapter 2
丰盛便当：工作日的营养食谱

Chapter 3
轻盈便当: 好吃不怕胖

Chapter 4
亲子便当：可爱好心情

Chapter 5
快手便当：速食新体验

Chapter 1

现在开始做便当吧

上班的日子，
对于吃什么总是格外忧虑。
喜欢吃的外卖不放心，
自己做菜时间又不够充裕。
这本书可帮您解决这些问题，
让您在工作日也能快速做便当，
吃到美味、吃得健康！

用这些工具，让您爱上做便当

高颜值的便当会让人更有食欲，无论是"上班族"自制便当，还是给家人的爱心便当，利用手头的便当小工具，便能轻松做出花样繁多的高颜值便当。

饭团模具

熟的白米饭是家中必备的食材。厌倦了平铺的米饭，不妨试试饭团模具。在模具中填满米饭，用力按压，将米饭压实固型，脱模后放入保存容器，再装饰一下，就是有趣又独特的米饭造型了。

蔬菜雕花器

一套按压式蔬菜雕花器，便能轻松给蔬菜来个造型大变身，按压出花形、心形等各式蔬菜造型。适合给胡萝卜、莲藕、香蕉等果实类食材雕花使用。

冰袋

将冰盒或冰袋放入冰箱冷冻室充分蓄冷，24小时后取出放入保温包中，再把便当盒放入其中就可以冰镇冷藏食品了。

小竹签或牙签

用小竹签或牙签，串联一些肉卷或香肠，可以做成萌萌的串串！

硅胶盛杯

盛杯可防止菜肴之间的味道混杂，也可以使便当内的菜品排放看起来更整齐。选择颜色鲜艳、形状各异的盛杯，不仅能增加便当的色彩，还可以装一些小菜，做食材之间的隔板。

便当盒

要选用标明"微波炉适用"的便当盒，不然就应该搭配保温包。此外，选择便当盒时要注意挑选密封性能好的、锁扣牢固的，以免汤汁溢出。

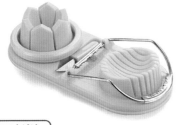

切蛋器

煮熟的鸡蛋不只可以对半切。用切蛋器轻轻一按，就能轻松切出厚薄均匀的鸡蛋片，装饰在便当盒内，看起来是不是让人更有食欲呢。

保温包

保温包是一种具有短时保温效果的特种箱包，保热保冷是保温包最基本的功能。目前市面上比较常见的保温包材质多为无纺布+铝膜珍珠棉，其次为牛津布或涤纶。

便当的制作原则

制作便当时，有一些准则需要注意。做好便当装进保存容器后，可以试着将菜肴摆出新花样，便当看起来也会更美味。

营养搭配

自带的便当要保证菜品的搭配和营养，可以根据自身情况控制热量的摄入，把握油、盐、糖等调味品的添加。午餐的搭配最好做到有荤有素、粗细搭配，包含主食、动物性食物、豆类、蔬菜和水果等，及时、全方位地补充身体所需的营养物质。

预处理

这里说的预处理并不只是将食材切好，而是将除了主要烹饪手段之外的步骤全部提前处理好，再把半成品放入冰箱中，冷藏或冷冻视食材情况而定。这样在需要制作便当时，就可以多管齐下，只需很短时间，就可以将便当快速做好（记得备好熟米饭）。

盛装与美味

选择食材时可以从红、绿、黄、白、黑几色中挑选3~4种，色彩丰富的便当不仅营养平衡，视觉上也赏心悦目。在味道上，酸甜苦辣咸，多变不腻。在烹饪方法上煎炒烹炸，一盒数种烹饪法，口感新鲜。

装盘上可以从远到近，依次盛装。最简单的盛装法，是在远处先放好最大的主菜，再依序以小型配菜填满前方空隙。

还有配菜堆成小山状的盛装法。装炸牛排、猪排等炸物时，可以搭配一些凉拌的生菜。摆盘的重点是，将切丝的生菜摆放在猪排等主菜的后方，并堆成小山状。这样整道料理看起来会更有立体感。

基本组合

米饭或者粗粮。大米等谷物中富含糖，可补充身体所需能量，且微波炉加热后米饭基本能保持原来的状态，馒头、烘饼等食物容易变干。

肉、蛋、鱼类可以补充身体所需的蛋白质。

蔬菜、豆类富含人体所需的维生素和矿物质。其中，蔬菜以根茎、瓜果类为主，不宜带绿叶蔬菜。因为绿叶蔬菜含有一定量的硝酸盐，经微波炉加热或存放时间过长易发黄、变味。绿叶蔬菜如果是早上现炒则会好很多。

制作便当的注意事项

除了讲究营养，带便当更要注意卫生与保存。好的便当不仅要填饱肚子、补充精力，还要让人吃得安心。

● 保证制作器具和保存容器的清洁

制作便当时，要留心事前准备的制作器具和保存容器的清洁。砧板和菜刀等制作器具要保持卫生；保存容器最好事先用滚水消毒，或用酒精度数高的烧酒杀菌后再使用，更有利于食物的保鲜。

● 凉拌菜不是自带佳选

自带便当里少做凉拌菜。凉拌菜在室温下久放会增加亚硝酸盐或细菌繁殖，如果一定要做，可以多加醋和大蒜泥以抑制细菌滋生。另外，可以多做一些酸味的菜，因为醋多一些，细菌繁殖的速度就会慢一些。

● 为预制食物的保存期限预留时间

预制食物的保存期限会因季节、保存方法、冰箱内的温度而有所差异，选购食材时要注意其保存期限，预留出安全时间。另外，无论任何季节，建议使用保冷剂。

● 不宜带含油脂多的食品

东坡肉、红烧肉等油脂多的食品最好别带，因为油脂含量太高了，和低油脂食品相比，这些东西更容易变质，不容易保鲜。

● 饭菜最好分开放

自带便当最好饭菜分开存放，用两三个盒装最为合适。先将装热菜的盒子用沸水烫过，把刚出锅的热菜装进去，然后盖严，稍微凉一点立刻放冰箱中。另外取一个饭盒，专门用来储藏不用加热的食品，如生番茄、生黄瓜、生菜等，最好不要切碎，或者可以放一些新鲜水果。

● 自带蔬菜只要八成熟

为预防食物变质，最好早晨现做，并把蔬菜炒到七八成熟即可，以防微波炉加热时进一步破坏其营养成分。同时要注意待其温度降低后再放入饭盒，以免蔬菜变色、变质，这样一来，不但准备的时候省时，还能为午餐留下更多营养，一举两得。

● 保存食物前要待其自然放凉

"食物要待其自然放凉后再放入冰箱保存"是基本常识，如果将热乎乎的食物放进冰箱，热量将储蓄在食物内部，食物会极易变质，还会让冰箱内部温度上升，使其他食材也跟着坏掉。另外，腌渍类食物要完全浸泡在腌渍液中，不使其露出渍液表面为宜。

便当与微波炉

微波炉是加热食物的工具。其操作虽然简单，但若使用不当，不但达不到预期效果，还会影响微波炉的使用寿命。因此要掌握微波炉的使用窍门。

●加热时间

微波炉加热时间可根据食物的含水量决定，其加热基准可参照如下：

热米饭如果用大火，一碗饭热2～3分钟即可；如果是中火，一般要热5分钟。热米饭要加盖，或在上面扣一个碗，这样热出来才松软好吃。另外，热馒头、饼等面食时，最好先喷上一些水，再加热1~2分钟。

汤类中途要搅拌。汤类最好不要一次性热到位，以免汤汁四溅。应该分两次加热，中途搅拌一下，能热得更快更均匀。注意取出时一定要小心，避免烫伤。

热素菜、肉菜时最好也加盖。素菜一般用中火或大火加热2～3分钟，肉类3分钟左右；如果是冰冻的食物，加热时间要稍微久点，4～5分钟即可。

加热土豆、香肠等带皮的食物时，必须先戳几个小孔，否则会因为压力使其爆裂；鸡蛋由于有壳和蛋膜，直接加热也会爆裂，热整只鸡蛋时，最好先剥皮，加水热1分钟左右，保证安全的同时，还可使鸡蛋保持鲜嫩。同理，也不可将密封瓶罐装的食物放入微波炉中烹调，以免发生爆炸。

●使用中

加热前一定要确认炉门已关闭。关闭炉门不要用力过猛，不要用硬物卡住炉门密封位置，如遇门锁松脱等情况，应立即停止使用。加热过程中，不要堵塞微波炉上方或后方的排温孔。

●加热完毕

达到预定加热时间，微波炉会自动切断电源，发出铃声。加热中途如需要翻搅食物，可开启炉门，微波炉会自动停止工作，且定时器不走时间。加热完毕的食物，如不马上食用，可调至保温挡在炉膛中保温。

●注意事项

不要让微波炉空载工作，以免其因微波炉回轰磁控管而导致损坏。如食物量较少，可在微波炉中放置一杯水同时加热。

●便当盒

玻璃微波炉饭盒，由于微波穿透性能比较好，物理化学性能稳定，耐高温(可达500℃甚至1000℃)，因此玻璃型的微波炉饭盒适宜在微波炉中长时间使用。

陶瓷微波炉饭盒，有耐热陶瓷和普通陶瓷之分。耐热陶瓷制成的煲、盘等器皿，比较适合在微波炉中长时间使用，而普通陶瓷器皿适宜短时间加热使用。要注意的是，含有金、银线的陶瓷器皿，在微波炉中使用时会打火花，因此建议少用。

塑料微波炉饭盒，耐温达120℃以上的，都是可以进行微波炉加热的，耐温达220℃以上的，还能用于烧烤。

纸质微波炉饭盒，在湿润的情况下可以在微波炉中短时间使用。但如果时间一长，器皿干燥会引起燃烧。

Chapter 2

丰盛便当：
工作日的营养食谱

一顿丰盛的大餐，
怎么能少了肉类？
而工作日的便当，
更不能太过敷衍。
即便是工作日，
也要做出大餐感，
给生活增加一丝期待……

微波时间
4分钟

难易度
★★☆

适用人份
2人份

卤蛋猪排便当

卤蛋

胡萝卜
炒滑子菇

香菜猪排

卤蛋

材料

鸡蛋3个，酱油50毫升，料酒25毫升，甜醋2大匙，白糖1大匙

预处理

①鸡蛋放入热水锅中，煮熟，捞出，剥壳后放入碗中，备用。

②锅中倒入酱油、料酒、甜醋、白糖，煮至沸腾，放入熟鸡蛋，浸渍一夜，腌渍成卤蛋。

做法

用切蛋器将卤蛋切成数片即可。

胡萝卜炒滑子菇

材料

胡萝卜100克，滑子菇150克，青椒、蒜末各少许，盐、生抽、橄榄油各适量

预处理

①胡萝卜洗净切片；青椒洗净，切片。

②锅中注水烧开，放入青椒片、胡萝卜片、洗净的滑子菇，焯1分钟，捞出。

做法

①锅中烧热橄榄油，倒入蒜末爆香。

②加入青椒片、胡萝卜片、滑子菇翻炒熟，加入盐、生抽炒1分钟即可。

香菜猪排

材料

猪里脊肉250克，香菜末少许，鸡蛋2个，盐、胡椒粉、面粉、食用油各适量

预处理

①猪里脊肉洗净切去韧筋，切成容易入口的肉片。

②肉片撒上盐、胡椒粉抹匀，两面薄薄裹上一层面粉。

③鸡蛋打成蛋液，加入香菜末、少许盐，拌匀入味。

做法

①平底锅内注入油，以较弱的中火热锅，将肉片刷上蛋液，入锅煎烤。

②翻面煎烤，煎至两面呈金黄色即可出锅。

装盒

取备好的熟米饭装入玻璃盒中，撒上少许黑芝麻，再将所有菜肴装入另一盒中即可。

菠菜丸子

什锦蔬菜

玉米笋
焖排骨

微波时间
4分钟

难易度
★★★

适用人份
1人份

田园便当

什锦蔬菜

材料

胡萝卜、青豆、口蘑、红彩椒、黄彩椒各30克,芦笋100克,盐、蒜末、食用油各少许

预处理

①洗净的胡萝卜、口蘑、红彩椒、黄彩椒切片;芦笋洗净切段。

②锅中注水,加少许盐拌匀,放入胡萝卜片、青豆、芦笋段焯片刻,捞出。

做法

①锅中放入少许食用油烧热,放入蒜末、口蘑片爆香,倒入剩余材料翻炒至熟。

②加入盐,炒匀入味即可。

菠菜丸子

材料

肉末150克,菠菜50克,鸡蛋1个,盐、芝麻油、面粉各适量

预处理

①菠菜洗净放入沸水锅中,焯至熟软,捞出,挤干水分,切碎,备用。

②取大碗,放入肉末、盐、菠菜末、鸡蛋、面粉、芝麻油,拌匀制成肉馅,制成数个丸子。

做法

①把丸子放入蒸锅中。

②以中火蒸约8分钟至熟,即可出锅。

玉米笋焖排骨

材料

排骨段300克，玉米笋200克，胡萝卜150克，姜片、葱段、蒜末各少许，盐3克，生抽5毫升，料酒5毫升，食用油适量

预处理

①玉米笋洗净切段；胡萝卜洗净切丁。

②锅中注水烧开，放入玉米笋段、胡萝卜丁，焯1分钟后捞出。

③沸水锅中放入排骨段，煮约5分钟，氽去血丝，捞出沥干水分。

做法

①热锅注油，爆香姜片、葱段、蒜末，倒入排骨段，翻炒入味。

②加入料酒、生抽，炒至排骨入味生香。

③放入玉米笋段、胡萝卜丁炒匀，注水烧开后用小火焖煮约7分钟，加盐调味即可。

装盒

将备好的熟米饭装入便当盒中，倒入玉米笋焖排骨，用胡萝卜点缀米饭，再取盒子装入另外两道菜即可。

微波时间　　难易度　　适用人份
2分钟　　　★★☆　　　1人份

孜然排骨便当

米饭

孜然卤
香猪排骨

豆皮拌豆苗

咖喱花菜

豆皮拌豆苗

材料

豆皮80克，豆苗50克，花椒10克，葱花少许，盐2克，鸡粉1克，生抽5毫升，食用油适量

预处理

①豆皮洗净切丝。

②将豆苗放入锅中，倒入清水烧开，焯1分钟，捞出。

③倒入豆皮丝，焯2分钟，捞出，装碗。

做法

①在装有豆皮丝和豆苗的碗中撒上葱花。

②锅中注入食用油烧热，爆香花椒，翻炒1分钟后，淋在葱花上。

③加盐、鸡粉、生抽调味即可。

咖喱花菜

材料

花菜200克，姜末少许，盐2克，鸡粉1克，咖喱粉10克，食用油适量

预处理

①花菜洗净切成小朵。

②锅中注入清水烧开，加少许食用油和盐，倒入花菜，煮至断生，捞出。

做法

①锅中注油烧热，撒上姜末爆香，加入咖喱粉，炒香。

②倒入花菜，加少许清水，快速炒熟。

③加盐、鸡粉，炒匀调味即可。

孜然卤香猪排骨

材料

排骨段400克，姜块30克，青椒、红椒片各20克，香叶、桂皮、八角、香菜末、蒜末各少许，盐2克，鸡粉1克，孜然粉2克，料酒、生抽、老抽、食用油各适量

预处理

①锅中注入清水烧开，倒入排骨段。

②余5分钟，捞出，沥干水分。

做法

①锅中注油烧热，放入姜块、香叶、桂皮、八角翻炒出香味。

②放入排骨段，加入盐、料酒、生抽、老抽调味，注入适量清水烧开。

③加盖煮10分钟，倒入青椒、红椒片、香菜末、蒜末翻炒片刻。

④加鸡粉、孜然粉拌匀调味即可。

装盒

取备好的熟米饭装入玻璃盒中，撒上少许黑芝麻，再将所有菜肴装入另一盒中即可。也可以将凉拌菜单独装入一个盒中，保持其凉爽口感。

微波时间
2分钟

难易度
★★☆

适用人份
1人份

红烧排骨便当

香菇烩
大白菜

红烧排骨

芝士火腿
雪人

香菇烩大白菜

材料

香菇100克，大白菜200克，姜片、蒜末、盐、食用油各适量

预处理

①香菇洗净，打上"十"字花刀。

②大白菜洗净切成段。

做法

①热锅注油烧热，放入姜片、蒜末炒香。

②倒入香菇，翻炒片刻。

③倒入大白菜段，翻炒均匀，注水煮至熟软，加盐调味即可。

Tips
也可将香菇切片，会更易煮熟。

芝士火腿雪人

材料

芝士1片，火腿、海苔各适量，番茄酱少许

预处理

①火腿切薄片，用模具压出雪人的围巾。

②将芝士用模具压出雪人的身体和帽子。

③用海苔剪出雪人的鼻子、眼睛、嘴巴和衣服纽扣。

做法

①将雪人组装好。

②用番茄酱在雪人脸上点上两点做腮红。

③用保鲜膜裹好，以免变形。

红烧排骨

材料

排骨200克，姜片10克，大葱段、八角、桂皮各少许，料酒、酱油、盐、白糖、食用油各适量

预处理

①排骨斩成段。

②锅中注入清水烧开，倒入排骨段，汆5分钟，捞出，沥干水分。

做法

①热锅注油烧热，爆香大葱段、姜片、桂皮、八角。

②放入排骨段、料酒、盐，翻炒至变色。

③加入热水没过排骨。

④炖8分钟，加入酱油和白糖拌匀，大火收汁即可。

装盒

将备好的熟米饭装入便当盒中，装入排骨，将组合好的雪人放在米饭上，再将香菇烩大白菜装入另一密封性较好的便当盒即可。

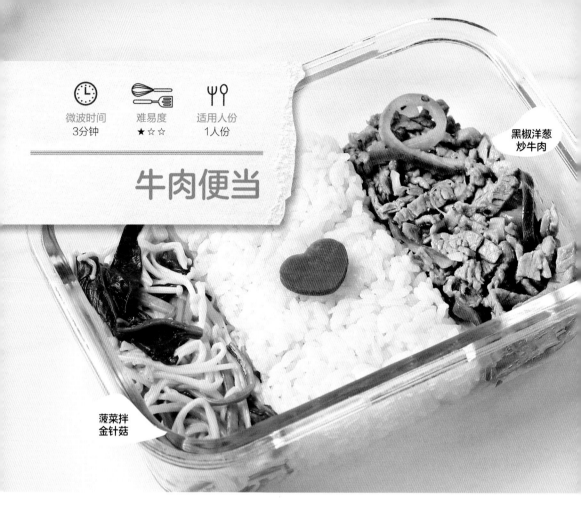

微波时间
3分钟

难易度
★☆☆

适用人份
1人份

黑椒洋葱
炒牛肉

牛肉便当

菠菜拌
金针菇

菠菜拌金针菇

材料

菠菜200克，金针菇180克，彩椒50克，蒜末、陈醋、盐、芝麻油各适量

预处理

①将金针菇、菠菜洗净去根，切段；彩椒洗净切丝。

②沸水锅中倒入金针菇段、菠菜段、彩椒丝，焯1分钟，装碗。

做法

①在碗中加入蒜末。

②放入盐、陈醋、芝麻油搅拌入味即可。

黑椒洋葱炒牛肉

材料

牛肉200克，洋葱100克，大蒜、红油、芝麻油、酱油、黑椒酱各适量，盐、白芝麻、水淀粉、食用油各少许

预处理

①牛肉逆着纹路切成丝，加少许盐、水淀粉，用手抓匀。

②洋葱洗净切丝；大蒜去皮洗净，拍碎。

③在热锅中倒入食用油，放入大蒜爆香，放入牛肉片，快速翻炒至变色，盛出。

做法

①锅中注油烧热，放入洋葱丝翻炒出香味。

②加入黑椒酱、红油、芝麻油、酱油，大火翻炒片刻。

③倒入炒好的牛肉片，快速翻炒均匀，撒上白芝麻即可。

装盒

将菜肴与熟米饭装入便当盒中。取一片胡萝卜，用模具压出爱心形，点缀在米饭上即可。

微波时间
2分钟

难易度
★★☆

适用人份
1人份

香菇土豆牛腩便当

枸杞苦瓜

香菜拌黄豆

香菇土豆
炖牛腩

枸杞苦瓜

材料

苦瓜150克，枸杞15克，蒜片适量，盐、白醋、芝麻油各少许

预处理

①枸杞用清水泡开，沥干水分。

②苦瓜洗净，剖开除去瓜瓤，切成片状。

③苦瓜片加少许盐腌渍一下，挤干水分。

做法

①锅中倒入芝麻油烧热，爆香蒜片。

②放入苦瓜片翻炒片刻，放入枸杞，快速炒熟。

③加盐、白醋调味即可。

香菜拌黄豆

材料

水发黄豆100克，香菜20克，姜片、花椒各少许，盐2克，芝麻油5毫升

预处理

①黄豆浸泡至软。

②锅中注水烧开，倒入黄豆、姜片、花椒、适量盐。

③加盖煮开后，转小火煮20分钟，拣去姜片、花椒，装入碗中。

做法

①将香菜洗净盛入装有黄豆的碗中。

②加入盐、芝麻油，搅拌片刻即可。

香菇土豆炖牛腩

材料

牛腩250克，土豆100克，干香菇100克，青椒、红椒、姜片、蒜片各少许，盐、食用油、豆瓣酱、酱油、料酒、胡椒粉、鸡粉各适量

预处理

①干香菇浸泡至软，切成块；土豆去皮洗净，切滚刀块；青椒、红椒洗净切片。

②牛腩洗净切块，倒入沸水锅中，淋入料酒，焯至七成熟，捞出，沥干水分。

做法

①锅中注油烧热，倒入姜片、蒜片、豆瓣酱爆香。

②放入牛腩块、土豆块、香菇块，加入盐、酱油，翻炒片刻。

③加入清水烧开，转中火，炖8分钟。

④放青椒片、红椒片拌匀，加入胡椒粉、鸡粉煮至汤汁收干即可。

装盒

将备好的熟米饭盛入便当盒中，撒上适量黑芝麻，再垫上洗净的生菜叶，装入做好的菜肴即可。

什锦蔬菜
蒸鸡蛋羹

微波时间
3分钟

难易度
★★★

适用人份
1人份

牛排鸡肉卷便当

海苔芝士
鸡肉卷

微波西蓝花

迷迭香
小牛排

什锦蔬菜蒸鸡蛋羹

材料

胡萝卜、四季豆、娃娃菜各30克，鸡蛋2个，盐、胡椒粉、芝麻油各适量

预处理

①胡萝卜、四季豆、娃娃菜洗净，切成小丁。

②锅中注水烧开，放入胡萝卜丁、四季豆，焯至熟透，捞出。

做法

①鸡蛋打入碗中，调成鸡蛋液，加盐、胡椒粉拌匀调味。

②加入蔬菜丁，拌匀，放入蒸锅中。

③蒸8分钟，淋上芝麻油即可。

Tips 　四季豆焯水时，可以淋入少许食用油，会让成品颜色更翠绿。

迷迭香小牛排

材料

牛排200克，迷迭香、黑胡椒碎、盐、黄油各适量

预处理

①牛排洗净切小块。

②将牛排块放入盘中，撒入盐、黑胡椒碎、迷迭香，腌渍20分钟。

做法

①平底锅烧烫，直接放入牛排块，煎至四面变色。

②放入一小块黄油，转小火，煎至收汁即可。

微波西蓝花

材料

西蓝花50克

预处理

将西蓝花洗净，切成小朵。

做法

①将西蓝花放入小碗中，盖上保鲜膜。

②把小碗放入微波炉中，高火加热1分钟，取出。

海苔芝士鸡肉卷

材料

鸡胸肉150克，盐、胡椒粉、芝士片、海苔、淀粉、食用油
各适量，高汤少许

预处理

①鸡胸肉洗净横刀切成薄片，撒上盐和胡椒粉调味。

②在鸡胸肉片上铺上芝士片、海苔。

③抹上淀粉，卷起。

做法

①平底锅注油，鸡肉卷接口朝下放入锅中，煎到封边后翻面。

②变色后，倒入少许高汤再稍微煎片刻。

③取出，斜刀切段即可。

装盒

将备好的熟米饭盛入便当盒中，撒上适量
黑芝麻，垫上洗净的生菜叶，将所有菜肴
装入便当盒中即可。

照烧鸡腿

微波时间
4分钟

难易度
★★★

适用人份
2人份

照烧鸡腿便当

芹菜炒
甜不辣

菜脯蛋

香肠菠萝
炒饭

照烧鸡腿

材料

鸡腿200克，米酒75毫升，酱油60毫升，味淋30毫升，白芝麻适量，食用油少许

预处理

①洗净的鸡腿去骨。

②用刀在鸡腿肉上轻轻划几刀。

③锅中注入少许食用油烧热，放入鸡腿肉，两面煎至焦黄，取出。

④米酒、酱油、味淋拌匀，调成味汁。

做法

①将味汁倒入锅中，小火煮沸。

②放入鸡腿肉，加盖，煮8分钟，取出。

③鸡腿切块，撒上少许白芝麻即可。

芹菜炒甜不辣

材料

芹菜50克，甜不辣条100克，胡萝卜、蒜末、盐、食用油各适量

预处理

①洗净的芹菜切段；胡萝卜洗净切丝。

②甜不辣条斜切成片。

做法

①热锅注油，爆香蒜末，放入胡萝卜丝、甜不辣条拌炒。

②放入芹菜段，炒3分钟。

③加盐调味即可。

菜脯蛋

材料

鸡蛋2个，菜脯25克，葱花少许，食用油适量

预处理

①菜脯洗净，切碎，沥干。

②热锅注油，放入菜脯，拌炒至香味散出，取出备用。

做法

①鸡蛋打散，加入菜脯和葱花搅拌均匀。

②热锅注油，倒入蛋液，小火煎至两面金黄色。

③取出，切块即可。

香肠菠萝炒饭

材料

鸡蛋3个，菠萝罐头250克，熟米饭300克，香肠50克，

青豆适量，盐、黑胡椒粉、食用油各适量

预处理

①菠萝切成丁；香肠切丁；青豆汆水。

②鸡蛋打散，淋入油锅中，炒熟，盛出。

做法

①锅中放少许油，放入香肠丁炒香，放入熟米饭炒散。

②倒入菠萝丁、青豆、鸡蛋翻炒均匀。

③加盐和黑胡椒粉调味即可。

装盒

将炒饭盛入便当盒中，放上菜脯蛋；取小纸杯装入芹菜炒甜不辣，放入便当盒中，铺上照烧鸡腿即可。

微波时间
3分钟

难易度
★★☆

适用人份
1人份

胡萝卜炒鸡肉便当

草菇芥菜

胡萝卜丁
炒鸡肉

扁豆炒蛋

胡萝卜丁炒鸡肉

材料

鸡胸肉250克，胡萝卜100克，姜末、蒜末各少许，盐3克，鸡粉2克，米酒、水淀粉各5毫升，食用油适量

预处理

①胡萝卜洗净去皮，切丁装碗备用。

②鸡胸肉洗净切丁，加入少许盐、米酒、水淀粉腌渍至入味。

做法

①锅中注油烧热，爆香姜末、蒜末，倒入鸡肉丁翻炒，加米酒炒香。

②倒入胡萝卜丁，翻炒一会儿。

③淋入少许清水煮沸。

④加入盐、鸡粉调味。

⑤加水淀粉勾芡，煮至汤汁收干即可保存。

扁豆炒蛋

材料

鸡蛋3个，扁豆150克，盐、食用油各少许

预处理

①扁豆洗净切丝，倒入沸水锅中，焯片刻，捞出。

②鸡蛋打入碗中，打成蛋液，加少许盐拌匀。

③热锅注油，淋入蛋液炒匀，盛出。

做法

①锅中注油烧热，放入扁豆丝炒熟。

②放入鸡蛋炒入味即可。

草菇芥菜

材料

芥菜250克，草菇200克，胡萝卜30克，盐、鸡粉各2克，生抽5毫升，芝麻油适量

预处理

①草菇洗净切"十"字花刀；芥菜洗净切段；胡萝卜洗净切片。

②锅中注水烧开，放入草菇，焯至熟，捞出。

③放入胡萝卜片，焯至熟，捞出。

④放入芥菜段，焯至熟，捞出。

做法

①碗中放入焯好的草菇、胡萝卜片、芥菜段。

②加盐、鸡粉、生抽、芝麻油拌匀即可。

装盒

将备好的熟米饭盛入便当盒中，撒上适量黑芝麻，将所有菜肴装入便当盒中即可。

三杯鸡

咖喱土豆

木耳炒油菜

三杯鸡便当

三杯鸡

材料

鸡肉200克，玉米油、芝麻油、老抽、生抽、米酒、蒜瓣、姜片、干辣椒各适量，九层塔数片，冰糖6颗

预处理

①鸡肉洗净斩成块。

②锅中注水烧开，放入鸡肉块，余5分钟，捞出。

做法

①热锅注油烧热，淋上芝麻油，放入蒜瓣、姜片、干辣椒煸香，放鸡块，翻炒至变色，加生抽、老抽炒匀。

②倒入米酒，放冰糖，大火烧开，转中火，焖8分钟，下入九层塔翻炒1分钟，出锅即可。

咖喱土豆

材料

土豆250克，盐、鸡粉、食用油、咖喱块各适量

预处理

①土豆去皮洗净，切成小块。

②热锅注油烧热，放入土豆块，加适量清水，盖上盖，中小火续煮10分钟，捞出。

做法

①锅中注油烧热，放入咖喱块、盐、鸡粉炒匀。

②放入土豆块翻炒均匀，盛出装盘即可。

木耳炒油菜

材料

油菜50克，干木耳20克，虾皮、蒜末、盐、食用油各适量

预处理

①干木耳泡发。

②油菜洗净，放入沸水锅中，焯片刻，捞出，沥干水分。

做法

①热锅注油，放入蒜末和虾皮爆香。

②放入油菜和木耳翻炒片刻，加盐炒匀调味即可。

装盒

取分层便当盒，一层先盛入米饭，撒上黑芝麻装饰，放入木耳炒油菜；另一层的一半位置以洗净的生菜垫底，盛入咖喱土豆，另一半位置盛入三杯鸡。

干炸小黄鱼

微波时间
3分钟

难易度
★★★

适用人份
2人份

东安仔鸡便当

姜汁菠菜

东安仔鸡

姜汁菠菜

材料

菠菜300克，姜末、蒜末各少许，盐、鸡粉、生抽、食用油各少许

预处理

①洗净的菠菜切成段，待用。

②沸水锅中加盐，淋入食用油，倒入切好的菠菜，汆煮一会儿至断生。

③捞出汆好的菠菜，沥干水分，装碗待用。

做法

①往汆好的菠菜中撒上姜末、蒜末。

②加入盐、鸡粉、生抽，充分将食材拌匀即可。

干炸小黄鱼

材料

小黄花鱼500克，淀粉100克，葱、姜各适量，盐、料酒、花生油各适量

预处理

①葱洗净切段；姜洗净切片。

②将小黄花鱼洗净，去内脏，鱼身划几刀。

③小黄花鱼加入盐、料酒，再加入葱段、姜片，腌渍入味。

做法

①锅内注油烧至五成热。

②小黄花鱼依次裹上一层薄薄的淀粉。

③把鱼放入锅中，炸至呈金黄，捞出，盛盘即可。

东安仔鸡

材料

鸡肉块400克，红椒丝35克，辣椒粉15克，花椒8克，姜丝30克，料酒10毫升，鸡粉4克，盐4克，鸡汤30毫升，米醋25毫升，辣椒油3毫升，花椒油3毫升，食用油适量

预处理

①沸水锅中加适量料酒、鸡粉、盐。

②放入鸡肉块加盖，煮15分钟。

③捞出鸡肉，沥干水分，放凉后斩成小块。

做法

①用油起锅，加姜丝、花椒、辣椒粉爆香。

②倒入鸡肉块，略炒片刻。

③加入鸡汤、米醋、盐、鸡粉，炒匀调味。

④淋入辣椒油、花椒油，放入红椒丝，炒至其熟透即可。

装盒

取一个分层便当盒，在上层盛入熟米饭压平，撒上黑芝麻，摆放好控油后的干炸小黄鱼；另一层分格便当盒中，小格位置盛入姜汁拌菠菜，大格位置装入东安仔鸡。

麻辣干炒鸡

三色蘑菇
炖鸡

微波时间
4分钟

难易度
★★★

适用人份
2人份

麻辣干炒鸡便当

蒜蓉娃娃菜

爱心煎蛋

麻辣干炒鸡

材料

鸡腿块300克，干辣椒10克，花椒7克，葱段、姜片、蒜末各少许，盐2克，鸡粉1克，生粉6克，料酒、生抽、辣椒油、花椒油各5毫升，五香粉、食用油各适量

预处理

①鸡腿块中加入适量盐、鸡粉、生抽，撒上生粉，注入少许食用油，拌匀腌渍10分钟。

②锅中注油，烧至六成热，倒入腌渍好的鸡块，捞出，沥干油。

做法

①锅注油烧热，放入葱段、姜片、蒜末、干辣椒、花椒爆香，倒入鸡腿块、料酒、生抽、盐、鸡粉，炒匀调味。

②倒入辣椒油、花椒油，炒匀，撒上五香粉，翻炒片刻即可。

三色蘑菇炖鸡

材料

鸡肉块400克，胡萝卜块100克，鲜香菇块40克，秀珍菇50克，口蘑片50克，姜片少许，盐2克，鸡粉2克

预处理

①锅中注水烧开，加胡萝卜块、所有菌菇，煮约1分钟，捞出沥干。

②倒入鸡块，煮5分钟，汆去血水杂质，捞出沥干。

做法

①锅中注水烧热，倒入姜片、鸡块、胡萝卜块、所有菌菇，拌匀，烧开后转小火炖8分钟至熟透。

②放入盐、鸡粉，搅匀调味即可。

蒜蓉娃娃菜

材料

娃娃菜200克，蒜末、高汤、盐、水淀粉、食用油各适量

预处理

①将娃娃菜洗净沥干，竖剖为四。

②锅中放适量水，放少许盐和油烧开，放入娃娃菜，焯熟，捞出。

做法

①锅中放适量油，烧至五成热，放入蒜末，炸至金黄时，捞出，放在娃娃菜上。

②锅中留少量底油，倒入高汤，加盐调味，加入水淀粉勾芡，将芡汁浇在娃娃菜上即可。

爱心煎蛋

材料

鸡蛋1个，食用油适量

做法

①热锅注油烧热，将心形模具放入锅中。

②将鸡蛋打入锅中心形模具内，小火煎至七八分熟即可。

装盒

取两个木质便当盒，大的便当盒平铺一层米饭，摆上爱心煎蛋、圣女果和蒜蓉娃娃菜；小的分层便当盒，深的一层装炖鸡，另一个盛麻辣干炒鸡即可。

微波时间
3分钟

难易度
★★★

适用人份
1人份

咖喱鸡便当

蒜蓉菜心

秋葵鸡蛋卷

咖喱鸡

蒜蓉菜心

材料

菜心300克，蒜末少许，盐、食用油各适量

预处理

①锅中注水烧开，放入菜心。

②淋入少许食用油，煮1分钟，捞出。

做法

①锅中注入食用油，爆香蒜末。

②倒入菜心翻炒至变软，加适量盐调味即可。

秋葵鸡蛋卷

材料

秋葵150克，鸡蛋3个，盐、食用油各适量

预处理

①秋葵洗净切段。

②锅中注水烧开，放入秋葵段，烫至熟透，捞出，过一下冷水。

做法

①鸡蛋打成蛋液，加盐搅匀。

②锅中注油，倒入蛋液，小火将蛋液煎至半熟。

③放入秋葵段，卷成蛋卷，煎片刻至全熟，取出。

④切成小段即可。

咖喱鸡

材料

土豆100克，洋葱50克，咖喱30克，胡萝卜50克，鸡胸肉150克，食用油、盐各适量

预处理

①土豆、胡萝卜洗净，切成小块；洋葱去皮，洗净切片。

②鸡胸肉洗净切丁。

③沸水锅中倒入鸡胸肉丁，煮5分钟，去浮沫，捞出，沥干水分。

做法

①热锅注油，放入胡萝卜块、洋葱片，翻炒片刻，加土豆块炒匀。

②加入鸡肉丁炒匀，注入清水，大火烧开后改小火煮熟。

③加入咖喱搅匀，加盐调味，焖煮3分钟即可。

装盒

将熟米饭装入一层便当盒中，压平，摆入蒜蓉菜心，再把咖喱鸡和秋葵鸡蛋卷装入另一层便当盒中即可。

洋葱炒鸡蛋

微波时间
3分钟

难易度
★★☆

适用人份
1人份

鸡翅便当

咸毛豆

红烧鸡翅

咸毛豆

材料

毛豆200克，盐适量

预处理

①毛豆用水冲洗干净。

②把毛豆放入微波容器中，撒入适量盐，腌渍10分钟。

做法

①将毛豆放入微波炉中，调高火，加热6分钟左右。

②取出，用冷水冲洗毛豆即可。

Tips

将毛豆用盐搓洗片刻，可以洗得更干净。

洋葱炒鸡蛋

材料

鸡蛋2个，洋葱150克，盐、鸡粉各1克，食用油适量

预处理

①洋葱洗净切丝。

②鸡蛋打入碗中，加入少许盐，顺时针搅匀，调成蛋液。

③用油起锅，倒入蛋液，翻炒1分钟至微熟，盛出。

做法

①锅中注油烧热，倒入切好的洋葱，翻炒出香味。

②加盐、鸡粉炒匀，倒入炒好的鸡蛋炒匀即可。

红烧鸡翅

材料

鸡翅3只，葱段、姜末、蒜末各少许，盐3克，白糖5克，生抽18毫升，老抽、料酒、食用油各适量

预处理

①锅中注水，放鸡翅、料酒，煮5分钟。

②将煮过的鸡翅捞出，用温水洗净，沥干水，用刀在表面切两下。

③用盐、生抽、老抽、适量白糖、少许水兑成调味汁。

做法

①锅中注油烧热，放葱段、姜末、蒜末爆香，放入鸡翅翻炒一下。

②倒入调味汁，加适量水约没过鸡翅。

③加盖，转小火，煮9分钟，放适量白糖提鲜，大火收浓汤汁，盛出即可。

装盒

取一个分层便当盒，上层一半装入熟米饭压平，撒上一些黑芝麻点缀，一半装入红烧鸡翅；下层一半装洋葱炒鸡蛋，一半装咸毛豆即可。

微波时间
3分钟

难易度
★ ☆ ☆

适用人份
1人份

白切鸡便当

芝士厚蛋卷

白切鸡

粮豆饭

粮豆饭

材料

大米30克，糯米20克，红豆20克，黑米20克，燕麦15克，荞麦15克，小米15克

预处理

①红豆浸泡8小时；黑米、燕麦、荞麦加热水浸泡1小时。

②全部材料洗净倒入电饭煲，加入适量清水，煮熟。

③将煮好的饭放入冰箱保存即可。

芝士厚蛋卷

材料

鸡蛋1个，芝士2片，盐、食用油各适量

做法

①鸡蛋打散，加盐搅匀，调成蛋液。

②加热平底锅，倒入少许食用油，倒入蛋液铺满锅面。

③快熟时将芝士放在鸡蛋上，卷起，煎至熟透，取出，切小段即可。

白切鸡

材料

鸡胸肉200克，小葱1根，盐、料酒、生姜、芝麻油、食用油各适量

预处理

①小葱洗净，对半切开，葱白打成结，葱叶切成葱花；生姜洗净去皮，切片，取小部分切末。

②鸡肉凉水下锅，放葱结、姜片、料酒煮沸，再煮5分钟，关火，盖盖闷15~20分钟，捞出，放到冰水里泡10分钟，捞出晾干，刷上芝麻油，切块。

做法

①葱花、姜末中放入适量盐，装入碟子中。

②锅中注油烧热，冷却到温热，倒入碟子中，即成酱汁。

③酱汁浇在鸡肉上即可。

装盒

将粮豆饭盛入碗中，倒扣在便当盒内，摆入白切鸡，放入芝士厚蛋卷即可。

微波时间
4分钟

难易度
★★☆

适用人份
2人份

香烧鲳鱼便当

法式拌杂蔬

红薯烧口蘑

香烧鲳鱼

法式拌杂蔬

材料

西红柿100克，黄瓜150克，生菜100克，柠檬汁20毫升，蜂蜜5克，白醋5毫升，椰子油5毫升

预处理

①洗净的黄瓜切片，洗净的西红柿切丁，洗净的生菜撕成大块。

②取一容器，倒入柠檬汁、蜂蜜、白醋、椰子油拌匀，调成味汁。

做法

①将生菜块、西红柿丁、黄瓜片一起装碗。

②淋入味汁，搅拌均匀即可。

红薯烧口蘑

材料

红薯160克，口蘑60克，盐2克，白糖2克，芝麻油2毫升，食用油适量

预处理

①红薯、口蘑洗净切小块。

②锅中注水烧开，倒入红薯块，煮5分钟，倒入口蘑煮1分钟，捞出，沥干水。

做法

①热油起锅，倒入红薯块和口蘑块，翻炒均匀，注入清水煮片刻。

②加盐、白糖、芝麻油，中火煮至入味即可。

香烧鲳鱼

材料

鲳鱼400克，蒜末、姜末各15克，料酒5毫升，香醋3毫升，豆瓣酱25克，白糖3克，鸡粉4克，食用油适量

预处理

①鲳鱼处理干净，两面切上"一"字花刀。

②锅中注油烧至六成热，倒入鲳鱼。

③炸至起皮，捞出，沥干油。

做法

①锅中注油烧热，爆香蒜末、姜末，再炒香豆瓣酱。

②注入清水，放入鲳鱼，焖熟。

③淋入料酒、香醋，煮沸。

④加白糖、鸡粉调味，焖煮入味即可。

装盒

取一小盒装入熟米饭，撒上少许黑芝麻，在大的便当盒中装入其余菜肴即可。也可以将拌菜单独盛放。

微波时间
3分钟

难易度
★ ☆ ☆

适用人份
1人份

杂粮红杉鱼便当

肉末豆角

杂粮饭

姜汁红杉鱼

杂粮饭

材料

大米60克，糙米50克，黑米50克

预处理

①将大米、糙米、黑米淘洗干净，放入电饭锅中，拌匀。

②加适量清水，按下"煮饭"键，将饭煮熟。

③将煮好的杂粮饭装入保存容器，放入冰箱保存即可。

Tips 将糙米、黑米放入清水中浸泡2小时再煮，可以节省制作时间。

姜汁红杉鱼

材料

红杉鱼200克，姜丝10克，盐、食用油、生抽各适量

预处理

①将红杉鱼处理干净，切成段。

②鱼肉放盐、姜丝腌渍入味。

做法

①热锅注油，把鱼擦干，放入锅里，中火煎至两面金黄。

②加入少许生抽，注入适量清水烧开，转中小火续煮10分钟左右即可。

肉末豆角

材料

肉末120克，豆角200克，盐、料酒、生抽、食用油各少许

预处理

①豆角洗净切段。

②锅中注水烧开，淋入少许食用油。

③倒入豆角段，焯煮至熟，捞出。

做法

①锅中注油烧热，放入肉末，淋入少许料酒，煸炒至熟。

②加入豆角段翻炒片刻。

③加入盐、生抽调味即可。

装盒

将杂粮饭装入底层便当盒的一侧，用隔板隔好，另一侧装入肉末豆角；在顶层便当盒中垫入紫叶生菜，放入姜汁红杉鱼，点缀切好的青金橘即可。

微波时间 3分钟　难易度 ★★☆　适用人份 1人份

椒盐鱼块便当

微波西蓝花

肉末空心菜

椒盐鱼块

椒盐鱼块

材料

鱼肉200克，鸡蛋液、食用油、白胡椒粉、生粉、料酒、盐、椒盐粉各适量

预处理

①鱼肉洗净切成块状。

②放入白胡椒粉、盐、料酒，腌渍10分钟。

做法

①鱼块先裹鸡蛋液，再裹生粉。

②把鱼块放入油锅中，煎至熟透。

③撒上椒盐粉调味即可。

肉末空心菜

材料

空心菜200克，肉末100克，彩椒40克，姜丝少许，盐、生抽、食用油各适量

预处理

①空心菜洗净切段。

②彩椒洗净切丝。

做法

①热油锅，倒入肉末，淋入生抽，大火炒至松散。

②撒入姜丝，放入空心菜段，炒熟软。

③倒入彩椒丝，炒匀，加适量盐炒至食材入味即可。

微波西蓝花

材料

西蓝花50克

预处理

将西蓝花洗净，切成小朵。

做法

①将西蓝花放入小碗中，盖上保鲜膜。

②把小碗放入微波炉中，高火加热1分钟，取出。

装盒

取便当盒，装熟米饭，压平，放入椒盐鱼块，用隔板隔开，再装入肉末空心菜，点缀西蓝花和胡萝卜。

Chapter 3

轻盈便当：
好吃不怕胖

想要吃美食又怕发胖？
来份富含蛋白质，
又热量不高的美味便当吧！
既能满足口腹之欲，
又能保持体形，
这份便当就很合适！

水果沙拉

彩椒炒生菜

微波时间
2分钟

难易度
★ ☆ ☆

适用人份
1人份

缤纷蔬果便当

蒜香四季豆

蒜香四季豆

材料

四季豆200克，蒜末少许，盐3克，食用油10毫升

预处理

①四季豆洗净，切成段。

②沸水锅中加入少许食用油和盐，放入四季豆焯至断生。

③捞出，过凉水。

做法

①热油锅，爆香蒜末，倒入四季豆快速翻炒。

②加适量盐，翻炒均匀即可。

彩椒炒生菜

材料

生菜400克，彩椒50克，蒜末少许，盐、生抽、橄榄油各适量

预处理

生菜洗净，掰成小块；彩椒洗净，切成丝。

做法

①锅中注油烧热，倒入蒜末爆香。

②放入生菜块、彩椒丝，翻炒片刻。

③加入盐、生抽，炒匀即可。

水果沙拉

材料

苹果、杧果各半个，猕猴桃1个，香蕉1根，沙拉酱少许，柠檬汁5毫升

预处理

①苹果、香蕉洗净去皮，切厚片，浸入柠檬汁中10分钟，捞出。

②杧果洗净去皮，切厚片；猕猴桃洗净去皮，切厚片。

做法

①所有水果用模具压出形状。

②淋上沙拉酱即可。

装盒

将熟米饭盛入便当盒中，压平，放入蒜香四季豆；另一层便当盒中装入彩椒炒生菜；再将水果沙拉装入一个小便当盒中即可。

微波时间	难易度	适用人份
3分钟	★★☆	2人份

金针菇牛肉卷便当

金针菇
牛肉卷

清炒
荷兰豆

鲜虾沙拉

金针菇牛肉卷

材料

牛肉150克，金针菇50克，蛋清30克，盐、料酒、生抽、食用油各适量

预处理

①牛肉洗净切成薄片。

②加入盐、料酒、生抽腌渍15分钟至入味。

做法

①铺平牛肉片，抹上蛋清，放入洗净的金针菇，卷成卷，用蛋液涂抹封口。

②煎锅注入少许食用油，放入金针菇牛肉卷煎至熟透，盛出即可。

清炒荷兰豆

材料

荷兰豆150克，盐、食用油各适量

预处理

①荷兰豆洗净，切去两端的角。

②把荷兰豆放入沸水锅中，淋入少许食用油，焯至熟。

③变色后捞出，用冷水冲洗。

做法

①用油起锅，倒入荷兰豆翻炒片刻。

②加盐调味，炒匀即可。

鲜虾沙拉

材料

鲜虾150克，绿豆芽100克，黄瓜50克，洋葱25克，红辣椒、柠檬汁、鱼露、盐、料酒、胡椒粉、泰式辣椒酱各适量

预处理

①鲜虾去壳、头、虾线，洗净；绿豆芽洗净，去根；黄瓜洗净切丝；洋葱洗净切丝；红辣椒洗净切丝。

②把虾仁放入沸水锅中，淋入适量料酒，放入盐，焯煮至熟，捞出。

③用柠檬汁、鱼露、盐、胡椒粉、泰式辣椒酱调成酱汁。

做法

①将蔬菜和鲜虾放入碗中。

②加入调好的酱汁拌匀即可。

装盒

先将熟米饭放入底层便当盒中，压平，撒上少许熟黑芝麻，点缀胡萝卜片；在顶层便当盒中装入清炒荷兰豆、鲜虾沙拉；另取一个便当盒垫上生菜叶，放入金针菇牛肉卷即可。

微波时间
4分钟

难易度
★★☆

适用人份
1人份

健身便当

生煎鸡排

西蓝花
彩蔬丁

紫薯泥

生煎鸡排

材料

鸡胸肉200克，姜丝、盐、酱油、料酒、橄榄油各适量

预处理

①鸡胸肉洗净去膜，横刀从中间片开，在每片上切花刀。

②鸡胸肉加入姜丝、1勺料酒、1勺酱油、少量盐、橄榄油，腌10分钟。

做法

①平底不粘锅预热，将腌好的鸡胸肉下锅，用中小火煎片刻。

②翻面，煎至两面金黄即可。

Tips
也可以用烤箱烘烤制作，肉质更细腻。

紫薯泥

材料

紫薯150克，牛奶适量

预处理

①紫薯洗净切成片。

②锅中注水烧开，放入紫薯片，蒸15分钟至熟，取出，压成泥。

做法

①熟紫薯泥加入牛奶搅拌均匀。

②在星星、花、爱心、三角形模具中套上保鲜袋。

③在模具中装入适量的紫薯泥压实，成型后小心取出即可。

西蓝花彩蔬丁

材料

西蓝花50克，红彩椒、黄彩椒各20克，玉米粒适量，白酒醋、盐、橄榄油各少许

预处理

①西蓝花洗净切小朵。

②红彩椒和黄彩椒分别洗净去子，切成丁。

③沸水锅中加入少许盐、橄榄油。

④将西蓝花和彩椒丁放入锅中焯熟，捞出焯熟的蔬菜。

⑤将玉米粒倒入锅中，焯煮片刻，捞出。

做法

①将蔬菜倒入碗中。

②淋入白酒醋、橄榄油搅拌均匀。

装盒

在小便当盒中整齐摆放好紫薯泥；大的便当盒以生菜垫底，放入鸡排，西蓝花彩蔬丁分别撒入两个便当盒的周围空隙中即可。

彩椒鸡肉球

微波西蓝花

鲜虾酿豆腐

微波时间
3分钟

难易度
★★☆

适用人份
1人份

五彩鸡肉球便当

彩椒鸡肉球

材料

鸡腿肉100克，红甜椒30克，黄甜椒30克，西葫芦40克，洋葱、番茄酱、料酒、胡椒粉、盐、食用油各适量

预处理

①鸡腿肉切丁；洋葱洗净切片；西葫芦、甜椒洗净切块。

②鸡肉丁放入沸水锅，加入料酒、盐，煮熟，捞出。

做法

①用油起锅，爆香洋葱片，倒入鸡肉丁炒匀。

②放入彩椒和西葫芦块，翻炒片刻，加盐、胡椒粉炒匀。

③加入少许番茄酱，炒匀即可。

鲜虾酿豆腐

材料

虾10只，豆腐50克，猪肉20克，盐、鱼露、酱油、淀粉、胡椒粉、芝麻油各适量

预处理

①虾洗净，去壳、去虾线，剁成泥状。

②猪肉剁成泥，和虾泥混匀，加入淀粉和盐拌匀成肉馅。

③将鱼露、酱油、芝麻油、胡椒粉调成酱汁。

④豆腐切块，挖空中间部分。

做法

①豆腐中间镶入肉馅，放入蒸锅中，蒸5分钟，取出。

②将酱汁倒入锅中煮开，倒在蒸好的豆腐上即可。

微波西蓝花

材料

西蓝花50克

预处理

将西蓝花洗净，切成小朵。

做法

①将西蓝花放入小碗中，盖上保鲜膜。

②把小碗放入微波炉中，高火加热1分钟，取出。

装盒

将熟米饭装入便当盒中，再放入鲜虾酿豆腐；在另一层中放入切好的火龙果、彩椒鸡肉球，点缀微波西蓝花即可。

微波时间
3分钟

难易度
★★☆

适用人份
2人份

蔬菜煎蛋便当

秋葵炒肉末

蔬菜煎鸡蛋

木耳炒黄瓜

蔬菜煎鸡蛋

材料

鸡蛋3个，西蓝花80克，胡萝卜50克，橄榄油、盐各少许

预处理

①西蓝花洗净切小朵，胡萝卜洗净切片。

②锅中注水烧开，放入西蓝花、胡萝卜片，焯至断生，捞出。

③将西蓝花、胡萝卜切成粒。

做法

①鸡蛋打成蛋液，加入西蓝花粒、胡萝卜粒拌匀。

②加入盐，调味拌匀。

③锅中注油烧热，再倒入鸡蛋液。

④煎至两面呈金黄色，盛出切块即可。

秋葵炒肉末

材料

玉米笋100克，秋葵100克，肉末80克，红椒丁少许，生抽、姜蒜汁、橄榄油、盐各适量

预处理

①玉米笋、秋葵均洗净切小段。

②肉末加生抽、姜蒜汁、橄榄油拌匀，腌渍入味。

做法

①锅中注油烧热，下入肉末翻炒至松散。

②加入玉米笋段、秋葵段、红椒丁，快速翻炒至熟。

③加盐调味即可。

木耳炒黄瓜

材料

木耳30克，黄瓜200克，红椒50克，蒜末、葱花各少许，盐2克，陈醋、橄榄油各适量

预处理

① 黄瓜洗净切块。

② 红椒洗净切丝。

③ 木耳加温水泡发，撕成小片，备用。

做法

① 锅中注油烧热，爆香蒜末、葱花、红椒丝。

② 倒入黄瓜块、木耳片快速翻炒熟。

③ 加盐、陈醋，炒匀调味即可。

装盒

将熟米饭装入便当盒中，撒上少许黑芝麻；在另一个便当盒中装入其余菜肴即可。

水果蔬菜
沙拉

微波时间
2分钟

难易度
★☆☆

适用人份
1人份

低热量糙米饭便当

香菇鸡蛋卷

糙米饭

糙米饭

材料

大米80克，糙米50克

预处理

①大米和糙米分别淘洗干净。

②将大米和糙米放入电饭煲中，加入适量清水，煮熟，盛出冷藏即可。

Tips

糙米不易熟，可先用清水浸泡2小时。

水果蔬菜沙拉

材料

黄瓜、西蓝花、紫甘蓝、生菜各20克，猕猴桃、苹果各适量，盐、酸奶各少许

预处理

①猕猴桃、苹果洗净去皮，切成块状，泡入淡盐水中片刻，捞出。

②黄瓜、紫甘蓝洗净切丝；西蓝花洗净切小朵；生菜洗净撕成小块。

③锅中注水烧开，放入西蓝花，焯至断生，捞出。

做法

①把蔬菜和水果放入玻璃碗中。

②倒入酸奶，拌匀即可。

香菇鸡蛋卷

材料

鸡蛋2个，香菇、盐、胡椒粉、食用油各适量

预处理

香菇洗净去蒂，切成小粒。

做法

①鸡蛋打散。

②蛋液中加入少许水、盐、胡椒粉拌匀。

③加入香菇粒拌匀。

④平底锅注油烧热，倒入调好的蛋液，小火煎成鸡蛋饼。

⑤将煎好的鸡蛋饼取出。

⑥趁热卷起，切块即可。

装盒

将糙米饭装入盒中，放入香菇鸡蛋卷，点
缀上胡萝卜；再将水果蔬菜沙拉装入另一
个便当盒中即可。

微波时间
2分钟

难易度
★☆☆

适用人份
1人份

花样杂粮便当

葱花蛋卷

西蓝花
杂粮饭

凉拌彩椒

葱花蛋卷

材料

鸡蛋3个，葱花适量，胡萝卜、洋葱各20克，胡椒粉、食用油、盐各适量

预处理

①胡萝卜洗净，切成丁。

②洋葱洗净，切成丁。

做法

①鸡蛋打成蛋液，加盐和少量胡椒粉调味拌匀。

②蛋液中加入胡萝卜丁、洋葱丁、葱花拌匀。

③热锅注油，倒入蛋液，煎成金黄色的蛋饼，取出卷成蛋卷。

④将蛋卷切成容易入口的大小块状。

西蓝花杂粮饭

材料

西蓝花70克，水发糙米50克，水发黑米50克，水发大米50克

预处理

①西蓝花洗净切小朵。

②西蓝花放入沸水锅中，焯熟，捞出放凉。

③锅中注水，放入水发糙米、黑米、大米，大火煮开后，改小火煮30分钟关火。

④放入焯熟的西蓝花闷15分钟，冷藏即可。

凉拌彩椒

材料

灯笼椒1个，红彩椒1个，黄彩椒1个，白醋、白糖、盐、芝麻油各
适量

预处理

①将灯笼椒洗净去子，切成丝。

②红彩椒洗净去子，切成丝。

③黄彩椒洗净去子，切成丝。

做法

①取小碗，将灯笼椒、红彩椒、黄彩椒丝倒入其中。

②加入白醋、白糖、盐、芝麻油拌匀即可。

装盒

将西蓝花杂粮饭装入便当盒中，用隔板隔
好，再放入葱花蛋卷和凉拌彩椒即可。

微波时间
3分钟

难易度
★★☆

适用人份
2人份

酱焖黄花鱼便当

酱焖黄花鱼

秋葵炒蛋

拌莴笋

酱焖黄花鱼

材料

黄花鱼400克，黄豆酱10克，姜片10克，蒜末10克，葱段5克，盐2克，白糖2克，生抽5毫升，生粉、食用油各适量

预处理

①将黄花鱼处理干净，背部切一字刀。

②热锅注油烧热，放入裹了生粉的黄花鱼，煎至两面微黄，捞出。

做法

①锅中注油，爆香姜片、蒜末、葱段，炒香黄豆酱。

②加生抽、盐、白糖，注入适量清水。

③放入黄花鱼，煮5分钟。

④大火收干汤汁即可出锅。

秋葵炒蛋

材料

秋葵200克，鸡蛋2个，葱花少许，盐2克，鸡粉2克，水淀粉、食用油各适量

预处理

①秋葵洗净切圈。

②鸡蛋打成蛋液，加盐、鸡粉、水淀粉，搅拌均匀。

③热锅中注入少许油，放入鸡蛋液炒至凝固，盛出。

做法

①起油锅，倒入秋葵圈炒熟，撒入少许葱花，炒香。

②放入鸡蛋翻炒均匀，盛出即可。

拌莴笋

材料

莴笋100克，胡萝卜100克，黄豆芽80克，蒜末少许，盐3克，白糖2克，生抽4毫升，陈醋5毫升，芝麻油、食用油各适量

预处理

①胡萝卜、莴笋洗净去皮，切丝。

②锅中注水烧开，加少许盐、食用油。

③放入胡萝卜丝、黄豆芽、莴笋丝煮断生。

④捞出，过一遍凉水。

做法

①将胡萝卜丝、黄豆芽、莴笋丝装入碗中。

②倒入蒜末，加入盐、白糖、生抽、陈醋、芝麻油。

③拌匀入味即可。

装盒

将熟米饭装入便当盒中，撒上少许黑芝麻，在另一个便当盒中装入所有菜肴即可。也可以将拌莴笋单独盛装。

微波时间
4分钟

难易度
★☆☆

适用人份
1人份

三文鱼便当

清炒豆苗

番茄焖饭

柠香煎
三文鱼

柠香煎三文鱼

材料

三文鱼200克，青金橘1个，盐、料酒、酱油、橄榄油各少许

预处理

三文鱼两面均匀地抹上盐腌渍10分钟。

做法

①不粘锅倒入适量橄榄油，中火煎烤三文鱼。

②两面煎至焦黄色时，淋入少许酱油、料酒。

③挤入青金橘汁，煮入味后，即可出锅。

Tips
煎三文鱼前用厨房纸吸干三文鱼表面的多余水分，以防水分炸开。

清炒豆苗

材料

豆苗150克，红椒圈、蒜末各少许，芝麻油、盐各适量

做法

①锅中倒入芝麻油烧热，放入蒜末、红椒圈爆香。

②倒入洗净的豆苗，炒至熟透。

③加入少许盐炒匀调味即可。

番茄焖饭

材料

番茄1个，大米100克，盐、黑胡椒粉各适量

预处理

①番茄洗净去蒂，在表皮划"十"字。

②锅中注水烧开，放入番茄。

③煮片刻，捞出番茄，放凉，去皮。

④将大米洗净倒入电饭煲中。

⑤加入盐、黑胡椒粉，放入番茄，煮成米饭。

⑥煮熟后，用饭勺搅拌米饭和番茄，充分拌匀，冷藏即可。

装盒

在便当盒中垫入洗净的生菜叶，盛入番茄焖饭，再放入清炒豆苗，摆上三文鱼即可。

微波时间
3分钟

难易度
★★☆

适用人份
2人份

木耳炒鱼片便当

煮魔芋

苦瓜海带
拌虾仁

木耳炒鱼片

木耳炒鱼片

材料

草鱼肉250克，水发木耳80克，彩椒50克，姜片、葱段、蒜末各少许，食用油、水淀粉、盐、生抽、鸡粉、料酒各适量

预处理

①木耳、彩椒洗净切小块。

②草鱼肉横刀片成片，加少许水淀粉、盐、生抽、料酒拌匀，腌渍10分钟。

做法

①热锅注油，爆香姜片、葱段、蒜末，倒入腌渍好的草鱼片。

②淋入料酒，炒至入味。

③倒入彩椒块、木耳块炒匀，加入盐、鸡粉、生抽炒匀调味即可。

煮魔芋

材料

魔芋300克，盐2克，味淋10毫升，清酒10毫升，食用油适量

预处理

①魔芋洗净切小块。

②盐、味淋、清酒、清水拌匀，制成味汁。

做法

①锅中倒入食用油烧热，放入魔芋块，翻炒片刻。

②淋入味汁，煮至魔芋入味即可。

苦瓜海带拌虾仁

材料

苦瓜50克，虾仁100克，海带适量，番茄50克，盐2克，白醋10毫升，生抽5毫升，芝麻油5毫升

预处理

①苦瓜洗净去瓤，切片；海带洗净切丝；番茄洗净切瓣。

②锅中注水烧开，倒入海带丝、苦瓜片，煮1分钟，捞出。

③放入虾仁，煮2分钟，捞出。

做法

①将虾仁、苦瓜片、海带丝、番茄倒入碗中。

②加入盐、白醋、生抽、芝麻油拌匀即可。

装盒

将熟米饭装入便当盒中，撒上少许黑芝麻，在另一个便当盒中装入其余菜肴即可。

微波时间
3分钟

难易度
★★☆

适用人份
1人份

豆腐鲜虾便当

酸辣土豆丝

豆腐毛豆
煮虾仁

蒜苗炒口蘑

豆腐毛豆煮虾仁

材料

豆腐150克，毛豆50克，虾仁150克，盐、生抽、水淀粉、橄榄油、姜蒜汁各少许

预处理

①虾仁加姜蒜汁、盐，腌渍入味。

②豆腐切块，倒入油锅中，煎至表皮呈金黄色，盛出。

做法

①锅中注油烧热，放入毛豆、虾仁，炒至变色。

②放入豆腐块，炒匀，注入少许清水，加入盐、生抽，煮5分钟。

③淋入水淀粉，炒至收汁即可。

蒜苗炒口蘑

材料

蒜苗2根，姜片少许，口蘑250克，朝天椒15克，蚝油5克，生抽5毫升，盐2克，鸡粉1克，食用油适量

预处理

①口蘑洗净切厚片；蒜苗洗净斜刀切段；朝天椒洗净切圈。

②锅中注水烧开，放入口蘑片，焯至断生，捞出。

做法

①锅中注油烧热，放入姜片、朝天椒圈爆香。

②放入口蘑片炒匀，放入蚝油、生抽、盐、鸡粉，炒匀调味。

③加入蒜苗段，炒出香味即可。

酸辣土豆丝

材料

土豆200克，葱叶少许，红椒少许，盐3克，芝麻油、鸡粉、白醋各少许

预处理

①土豆洗净去皮切丝，红椒洗净切丝，葱叶洗净切段。

②锅中注水烧开，倒入土豆丝、红椒丝。

③焯至断生，捞出。

做法

①将土豆丝、葱叶段、红椒丝装入碗中。

②倒入盐、芝麻油、鸡粉、白醋拌匀即可。

装盒

将熟米饭装入便当盒中，撒上少许黑芝麻，在另一个便当盒中装入其余菜肴即可。

微波时间
3分钟

难易度
★★☆

适用人份
2人份

奶油炒虾便当

苦瓜煎蛋

蒜香西葫芦

奶油炒虾

奶油炒虾

材料

基围虾300克，洋葱25克，蒜末5克，奶油40克，盐2克，食用油适量

预处理

①基围虾去虾线，洗净；洋葱洗净切末。

②锅中注油烧热，放入基围虾。

③炸至表皮酥脆，盛出。

做法

①锅中注油烧热，加入奶油、洋葱末、蒜末。

②小火炒香，煮成料汁。

③放入鲜虾，煮至虾肉浸入奶油入味。

④加盐调味，大火翻炒片刻即可。

苦瓜煎蛋

材料

鸡蛋3个，苦瓜80克，红椒少许，盐、橄榄油各适量

预处理

①苦瓜洗净切丝。

②红椒洗净切末。

做法

①将鸡蛋打散成蛋液，加少许盐调味。

②把苦瓜丝和红椒末一起加入蛋液中拌匀。

③锅中注油烧热，倒入苦瓜蛋液。

④煎至凝固成蛋饼，盛出切块即可。

蒜香西葫芦

材料

西葫芦150克，胡萝卜80克，红椒、蒜末各少许，盐2克，食用油、水淀粉、芝麻油各适量

预处理

①西葫芦、胡萝卜、红椒洗净切片。

②锅中注水烧开，放入西葫芦片、胡萝卜片，煮至断生，捞出。

做法

①起油锅，爆香蒜末、红椒片。

②放入胡萝卜片、西葫芦片炒匀。

③加盐、芝麻油炒匀。

④淋入水淀粉，炒至收汁即可。

装盒

将熟米饭盛入碗中，倒扣入便当盒内，撒上少许黑芝麻；在另一个便当盒中装入其余菜肴即可。

Chapter 4

亲子便当：
可爱好心情

兼顾事业与家庭，
是一件很辛苦的事。
不妨在便当中添加一些小心思，
小小改动，让便当升级。
吃到口中的那份可爱与温暖，
让孩子看到您的爱！

微波时间
2分钟

难易度
★★☆

适用人份
1人份

玫瑰花园便当

玫瑰蒸饺

玫瑰火腿

咖喱土豆泥

玫瑰火腿

材料

圆形火腿片适量

做法

①圆形火腿片对折。

②两片一起卷起，把外层翻折下来就做好了一朵玫瑰。

Tips
超市有售卖切好的熟食火腿。

咖喱土豆泥

材料

土豆1个，洋葱30克，牛奶、咖喱块、盐、食用油各适量

预处理

①土豆、洋葱洗净切成丁。

②锅中注水烧开，放入土豆丁，煮5分钟，捞出。

做法

①锅中注油烧热，加入咖喱块炒匀，倒入土豆丁、洋葱丁，炒匀。

②注入清水，煮8分钟，加入牛奶、盐拌匀。

③关火，将土豆丁压成泥装盘即可。

玫瑰蒸饺

材料

肉末100克，饺子皮、料酒、生抽、葱花、胡椒粉、盐、鸡蛋、芝麻油各适量

预处理

①肉末中加入料酒、生抽、葱花、胡椒粉、盐、鸡蛋、芝麻油，搅拌均匀成肉馅。

②饺子皮4个为一组叠放，在中间横着平铺上一条肉馅。

③把饺子皮对折，卷起来，摆正。

做法

①蒸锅注水烧开，放入饺子。

②蒸10分钟即可。

装盒

便当盒中摆上洗好的紫叶生菜，倒入咖喱土豆泥，再将玫瑰火腿插入咖喱中固定；取另一便当盒以洗净的生菜垫底，摆好玫瑰蒸饺即可。

微波时间
4分钟

难易度
★★★

适用人份
1人份

兔子饭团便当

芦笋厚蛋烧

清炒茭白

日式饭团

香煎猪排

日式饭团

材料

熟米饭100克，寿司醋、海苔片、火腿片、黑芝麻各少许

做法

①熟米饭中拌入寿司醋，捏成椭圆形的兔子脸。

②用海苔片、火腿片剪出造型后贴在饭团上，再以黑芝麻点缀即完成。

Tips

也可以用吸管压在火腿片上，挖出两块小火腿片。

香煎猪排

材料

里脊肉300克，日式酱油30毫升，清酒15毫升，白糖15克，太白粉少许，食用油适量

预处理

①里脊肉洗净切薄片，用刀背剁一剁。

②在肉中加入日式酱油、清酒、白糖、太白粉拌匀，腌渍30分钟。

做法

①平底锅放少许油，放入肉片。

②以中小火煎至两面呈金黄色即可。

清炒茭白

材料

茭白300克，高汤100毫升，盐、黑胡椒粉、食用油各适量

预处理

①茭白清洗干净，再切滚刀块。

②锅中注水烧开，放入茭白，煮2分钟，捞出。

做法

①起油锅，放入茭白和盐，大火拌炒1分钟。

②加入高汤，炒至汤汁收干，再撒上黑胡椒粉拌匀即可。

芦笋厚蛋烧

材料

芦笋50克，鸡蛋3个，培根30克，牛奶60毫升，盐、胡椒粉、食用油各适量

预处理

①热锅中放入培根，干煎至油分析出、熟透，切碎。

②锅中注水烧开，淋入食用油，放入芦笋焯熟，捞出。

做法

①鸡蛋打散，加入培根末、牛奶、盐、胡椒粉搅拌均匀。

②锅中均匀抹上油，倒入蛋液，煎至底部定型。

③将芦笋放入锅中，把蛋皮卷起至一侧，煎至完全熟透。

④将蛋卷取出，切段即可。

装盒

在便当盒中铺一层薄米饭，盖上大片海苔，放入饭团，摆入其他菜肴即可。

微波时间
2分钟

难易度
★★☆

适用人份
1人份

小猪紫菜包饭便当

小猪香肠

鸡蛋玫瑰花

紫菜包饭

紫菜包饭

材料

大米150克，番茄1个，火腿肠、芝士片、海苔、盐各适量

预处理

①番茄去蒂切十字花刀，放入沸水锅中，煮片刻，捞出，去皮；火腿肠竖着对半切开，用芝士片包裹好。

②电饭煲中放入洗净的大米，注入适量清水，放入番茄，盖盖煮熟，撒上少许盐，拌匀。

③保鲜膜上放大片海苔，铺上一半番茄饭（剩余备用），放入芝士包火腿肠，卷起，压实定型。

做法

取出紫菜包饭，切开即可。

鸡蛋玫瑰花

材料

鸡蛋1个，盐、胡椒粉、玉米淀粉、香肠、黄瓜、食用油各适量

预处理

①香肠斜刀切片；黄瓜洗净斜刀切片。

②蛋黄加盐、胡椒粉、玉米淀粉混匀，倒入油锅，待鸡蛋边缘稍稍翘起，翻面摊10秒，取出切成条状。

做法

①将鸡蛋皮卷起，做成花心。

②在桌面铺上保鲜膜，摆上重叠的黄瓜片，再摆上一层香肠片，放入蛋皮卷卷起，裹紧保鲜膜，定型即可。

小猪香肠

材料

火腿1块，海苔少许

做法

①把火腿切成长方形片。

②取一片火腿，把粗吸管稍微压扁，压入火腿中，切出6片椭圆形火腿，再切出一大片半月形火腿。

③取4片椭圆形火腿片，用刀尖切出小口。

④将海苔剪出长条形，再用模具压出4个小圆片。

⑤将火腿与海苔组合成小猪香肠。

装盒

将剩余的番茄饭倒入便当盒中，摆上小猪香肠，再垫入洗净的紫叶生菜和苦菊，摆入紫菜包饭和鸡蛋玫瑰花即可。

微波时间
3分钟

难易度
★★☆

适用人份
1人份

熊猫便当

时蔬蛋卷花

香菇烧肉

熊猫饭团

熊猫饭团

材料

熟米饭、海苔各适量

做法

①将熟米饭压入模具中，制成熊猫形饭团。

②用模具把海苔压出眼睛、鼻子、嘴、耳朵和四肢的形状，剪出。

③饭团脱模，贴上海苔装饰即可。

香菇烧肉

材料

猪肉150克，香菇50克，土豆50克，老抽、冰糖、盐、料酒、食用油各适量

预处理

①猪肉洗净切成条；香菇洗净，打上十字花刀；土豆洗净去皮，切小滚刀块。

②锅中注水烧开，放入土豆块、香菇，煮2分钟，捞出；放入猪肉条，淋入料酒，煮3分钟，捞出。

做法

①起油锅，放入冰糖，熬至冰糖变成红色并冒大气泡。

②倒入猪肉条翻炒上色，加入适量盐、老抽炒匀。

③放入香菇、土豆块炒匀，加入适量水，炖7分钟，盛出即可。

时蔬蛋卷花

材料

火腿肠50克，西蓝花80克，鸡蛋1个，盐、淀粉、食用油各适量

预处理

①火腿肠切段，用模具压成花形，打上网格花刀，但底端不要切断；西蓝花洗净切小朵。

②锅中注水烧开，放入西蓝花，淋入少许食用油，煮1分钟，捞出。

做法

①鸡蛋打散，加少量淀粉、盐拌匀，倒入长条形油锅中，摊成蛋饼，取出。

②长条蛋皮对半折起，在中部相连处切条，但不切断。

③将火腿肠放蛋皮中间卷起并固定，点缀西蓝花即可。

装盒

便当盒铺一层洗净的生菜，放上熊猫饭团，摆上一根葱条，蛋卷花放入合适位置，再放入香菇烧肉、西蓝花即可。

微波时间
4分钟

难易度
★★☆

适用人份
2人份

圣诞便当

酱汁肉卷

可爱饭团

蛋包肠

蛋包肠

材料

鸡蛋2个，火腿肠半根，盐少许，食用油适量

做法

①鸡蛋打散，加入少许盐，拌匀。

②锅中放少许油，转小火倒入鸡蛋液，煎至底层定型。

③放入火腿肠，将鸡蛋饼卷起来，煎至呈金黄色取出，放凉后切成小段即可。

Tips
也可将火腿肠煎熟，味道更好。

酱汁肉卷

材料

猪肉片250克，胡椒粉、鸡粉、味淋、酱油、水淀粉、食用油、淀粉各适量

预处理

①猪肉片摊开，将胡椒粉、鸡粉和淀粉均匀撒在肉片上，卷起，沾点水淀粉在接口处。

②将卷好的肉卷放入热油锅中，煎至熟透，取出。

做法

①锅中倒入酱油、味淋、清水，加热至沸腾。

②放入肉卷，加盖，烧至收汁，取出即可。

可爱饭团

材料

熟米饭200克，菠菜粉、黄瓜、胡萝卜、芝士片、盐、海苔各少许

做法

① 米饭里放入菠菜粉和少许盐，搅拌均匀。

② 芝士片用牙签划切出波浪和锯齿形状，部分用吸管压成小圆片；胡萝卜洗净切长方形片，顶部修成三角形，再取边角料切末；海苔剪成圆形；黄瓜洗净用模具压成圣诞树形。

③ 桌面铺上保鲜膜，将芝士、海苔、胡萝卜组合好，反向放在保鲜膜上，放入米饭，裹好保鲜膜，揉圆，制成圣诞老人饭团。

④ 在桌面铺上保鲜膜，放入芝士粒、胡萝卜末、黄瓜，放上米饭，裹好保鲜膜，揉圆，制成圣诞树饭团。

装盒

将洗净的紫叶生菜放入便当盒，放入圣诞老人饭团和圣诞树饭团，再放入蛋包肠，再铺入一片洗净的生菜，放上酱汁肉卷，最后以熟西蓝花点缀即可。

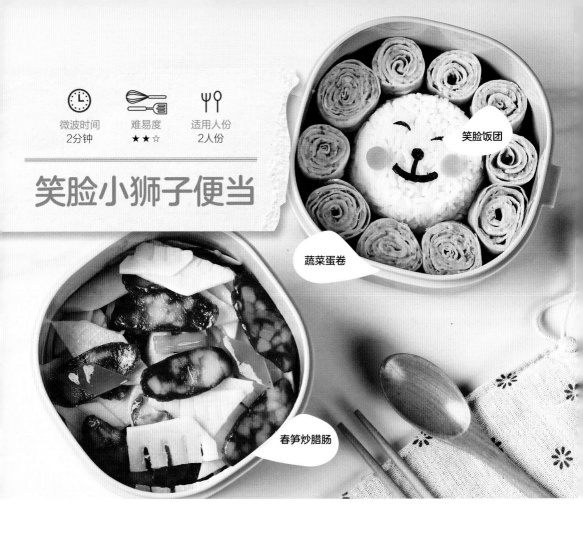

微波时间
2分钟

难易度
★★☆

适用人份
2人份

笑脸小狮子便当

笑脸饭团

蔬菜蛋卷

春笋炒腊肠

蔬菜蛋卷

材料

胡萝卜丁、葱花、玉米粒各30克，鸡蛋3个，盐、食用
油各适量

预处理

将胡萝卜丁、葱花、玉米粒剁碎。

做法

①鸡蛋打散，放入切碎的蔬菜，加盐调匀。

②锅烧热刷油，倒入蛋液，平摊成蛋饼，卷起。

③煎定型后，取出切块即可。

笑脸饭团

材料

熟米饭适量，海苔1张，火腿肠少许，寿司醋、盐各适量

做法

①熟米饭中加入适量寿司醋、盐拌匀，装入扁平圆形容具中压平，倒扣出来。

②用模具把海苔印出眼睛、嘴巴、鼻子，剪下，贴在饭团上。

③用吸管将火腿肠压出2个小圆片，贴在饭团上即可。

春笋炒腊肠

材料

竹笋100克，腊肠75克，青椒20克，姜片、蒜片、葱段各5克，盐、鸡粉、生抽、水淀粉、食用油、料酒各适量

预处理

①腊肠斜刀切片；竹笋去皮切片；青椒洗净，切成菱形片。

②锅中注水烧开，淋入少许食用油，放入竹笋片，煮5分钟，捞出；再倒入腊肠片，煮2分钟，捞出。

做法

①用油起锅，倒入姜片、蒜片、葱段、青椒片，爆香。

②放入腊肠片炒香，倒入焯好的竹笋片，炒匀。

③淋入料酒、生抽、清水，加入盐、鸡粉，炒匀。

④用水淀粉勾芡，炒至食材熟透即可。

装盒

将笑脸饭团装入便当盒中，在周围摆上蔬菜蛋卷，在另一个便当盒中装入春笋炒腊肠即可。

微波时间
3分钟

难易度
★★☆

适用人份
2人份

生日便当

粉色饭团

牛肉可乐饼

火腿土豆泥
蛋糕

粉色饭团

材料

熟米饭适量，苋菜汁、胡萝卜、芝士片各少许，海苔1片

预处理

①苋菜汁倒入米饭中拌匀，用保鲜膜包裹，取部分做成圆形饭团。

②胡萝卜洗净去皮，切薄片，剪成椭圆形；芝士片用模具压成圆形；用模具将海苔压出眼睛和嘴。

做法

把胡萝卜和海苔贴在芝士片上，再贴在饭团上即可。

牛肉可乐饼

材料

土豆4个，牛肉末200克，洋葱半个，盐、胡椒粉各少许，鸡蛋1个，面粉100克，甜玉米粒、面包糠、食用油各适量

预处理

①土豆洗净去皮，切成块；洋葱洗净切末。

②锅中注水烧开，放入土豆块，煮至熟软，捞出，压成泥。

③锅中注入少许食用油烧热，爆香洋葱末，放入牛肉末炒松散，加入甜玉米粒、盐、胡椒粉炒匀，盛出。

④牛肉末中加入土豆泥拌匀，分成小块，揉成圆形，制成可乐饼生坯。

做法

①鸡蛋打散。把可乐饼生坯抹上一层面粉，滚一层蛋液，裹上面包糠。

②热锅倒足量油，将裹好面包糠的可乐饼放入油锅中，炸至呈金黄色即可。

火腿土豆泥蛋糕

材料

土豆1个，胡萝卜1片，火腿2片，芝士1片，盐少许

预处理

①土豆洗净去皮。

②把土豆包上保鲜膜，用微波炉加热4分钟，取出捣碎。

③取一片火腿片切碎，掺入土豆泥中，加少许盐拌匀。

做法

①把部分火腿土豆泥放入盛杯中做造型。

②用大小不一的模具分别把胡萝卜片、芝士片和火腿片压成花形，放在火腿土豆泥上。

③将剩余的火腿土豆泥用模具制成动物形状。

装盒

用洗净的生菜铺底，铺上一层粉色米饭，将所有菜肴、饭团放入便当盒，以熟西蓝花和切半的圣女果作为装饰。

微波时间
2分钟

难易度
★★☆

适用人份
1人份

海绵宝宝便当

章鱼香肠

日式炸鸡块

海绵宝宝
饭团

海绵宝宝饭团

材料

熟米饭50克，芝士1片，南瓜100克，鸡蛋液、荷兰豆、海苔、食用油各少许

预处理

①南瓜洗净去皮，切块；荷兰豆洗净，剖开。

②锅中注水烧开，倒入南瓜块，煮至熟软，捞出；再放入荷兰豆，煮至熟透，捞出。

做法

①锅中注入少许油烧热，倒入鸡蛋液，煎成蛋饼，取出。

②将南瓜拌入米饭中。

③荷兰豆、芝士、蛋饼用模具压成大小不一的圆形；海苔部分剪成圆形，部分剪成条形。

④将保鲜膜铺在桌面上，将荷兰豆、芝士、蛋饼、海苔组合好，反放在保鲜膜上，倒入南瓜饭，用保鲜膜包起，压成正方形即可。

章鱼香肠

材料

香肠2根，西蓝花50克，芝士、海苔、食用油各适量

预处理

①将香肠底部切4刀但不切断，切出章鱼的8只脚。

②西蓝花洗净切成小朵。

做法

①把章鱼香肠和西蓝花放入微波炉里，刷上食用油，加热到章鱼香肠脚翘起，取出，待用。

②用吸管在芝士上压出不同大小的圆片，作为章鱼的眼睛、嘴巴；剪出海苔作为章鱼眼珠，摆在章鱼香肠上，点缀西蓝花即可。

日式炸鸡块

材料

鸡胸肉200克，姜片10克，淀粉、盐、胡椒粉、料酒、酱油、白砂糖、食用油各适量

预处理

①鸡胸肉洗净切块。

②鸡胸肉块放入碗中，加入料酒、姜片、酱油、胡椒粉、盐、白砂糖拌匀，腌渍20分钟。

做法

①处理好的鸡块均匀裹上一层淀粉。

②锅里倒入足量的油，待油热后，放入鸡块，炸至鸡肉熟透，捞出沥干即可。

装盒

先将海绵宝宝饭团放入其中一个便当盒的一侧，在另一侧放入日式炸鸡块，空隙处用法香和对切的圣女果装饰好；另一个便当盒中放好章鱼香肠和剩余的日式炸鸡块即可。

微波时间
4分钟

难易度
★★☆

适用人份
1人份

可爱小熊咖喱饭便当

小熊饭团

蛋饼

咖喱鸡肉

小熊饭团

材料

大米适量，芝士2片，海苔片、酱油各少许

预处理

①米淘净，加适量冷水上锅蒸熟。

②米饭蒸熟后取出一半，加入少许酱油搅拌均匀。

③用保鲜膜团出小熊的头，摆在合适位置，再团出小熊的耳朵、身体和手臂。

④用芝士片做出小熊的嘴巴和耳朵，海苔剪出小熊的眼睛、鼻子和嘴巴，摆在合适位置，冷藏即可。

咖喱鸡肉

材料

鸡胸肉200克，土豆、胡萝卜、口蘑各50克，咖喱、盐、胡椒粉、食用油各适量

预处理

①将土豆、胡萝卜、鸡胸肉、口蘑洗净切成小块，备用。

②锅中注水烧开，放入鸡胸肉块、土豆块、胡萝卜块，煮至熟，捞出。

做法

①锅里放油，油热后倒入鸡胸肉块翻炒片刻，加入土豆块、胡萝卜块、口蘑块继续翻炒。

②加入清水、咖喱、盐拌匀。

③煮6分钟，撒上胡椒粉即可。

蛋饼

材料

鸡蛋2个，盐、火腿肠、玉米淀粉、食用油各适量

做法

①鸡蛋加少许盐、玉米淀粉搅拌均匀。

②锅里抹薄薄一层油，倒入蛋液，摊成蛋饼。

③把蛋饼切成方形，盖在小熊身上做被子，用波浪刀把边缘切成波浪状。

④用火腿肠压一些星星、小花、爱心，作为装饰即可。

装盒

熟米饭平铺在便当盒内，留出四分之一的位置填入鸡肉，在适当的位置做出小熊饭团，盖上蛋饼后做出小熊的胳膊，最后做出蛋饼上的装饰即可。

女孩饭团

材料

熟米饭适量，海苔、火腿各少许，鸡蛋2个，盐、食用油各适量

预处理

①米饭用保鲜膜包好，做成一个娃娃的头部和身体。

②用海苔剪好眼睛和刘海，用火腿剪好嘴巴，贴在米饭上。

③鸡蛋打散，加入盐拌匀，入油锅煎成蛋皮。

④用蛋皮把饭团包起，作为披风即可。

Tips

女孩的五官可以用专用工具制作，省时更省力。

胭脂藕

材料

莲藕、荷兰豆、紫甘蓝、盐、白醋各适量

预处理

①莲藕洗净去皮，切成片。

②紫甘蓝洗净榨汁，滤渣。

③荷兰豆放入沸水锅中，煮熟捞出，切成细条。

做法

①锅中倒入紫甘蓝汁烧热，倒入盐、白醋拌匀。

②放入莲藕片煮片刻，盛出，用荷兰豆条装饰即可。

西葫芦炒肉片

材料

肉片100克，西葫芦80克，蚝油、生抽、盐、食用油各适量

预处理

①西葫芦洗净切成薄片。

②西葫芦片用盐腌渍20分钟，洗净。

做法

①热锅倒油烧热，放入肉片炒匀，加入蚝油、生抽、盐炒匀。

②加入西葫芦片，翻炒至熟，盛出即可。

青椒炒鱿鱼

材料

鱿鱼50克，青椒80克，料酒、生抽、姜片、食用油各少许

预处理

①将鱿鱼处理干净后，切花刀；青椒洗净切菱形片。

②把鱿鱼放入沸水锅中，焯至卷起，捞出。

做法

①热锅注油，放入姜片，煸炒出香味，倒入焯好的鱿鱼炒匀。

②倒入青椒片炒匀，淋入料酒、生抽，炒匀调味即可。

装盒

便当盒一半铺上熟米饭，摆上女孩饭团，放上胭脂藕，切好的荷兰豆摆成枝叶，其余位置以生菜垫底，盛入西葫芦炒肉片，放入青椒炒鱿鱼，放上花式胡萝卜做装饰。

Chapter 5

快手便当：
速食新体验

面条、面包、速冻饺子等，
都是家中的常备食材。
用容易保存的形式做成便当，
美味又快手，
给便当带来一丝不一样的风味，
改善自己的饮食。

微波时间	难易度	适用人份
1分钟	★☆☆	1人份

鲜虾沙拉配三明治

泰式鲜虾
沙拉

芝士火腿蛋
三明治

芝士火腿蛋三明治

材料

鸡蛋1个，吐司2片，芝士1片，火腿1片，沙拉酱、食用油各适量

预处理

①火腿切片。

②锅中注油烧热，打入鸡蛋，煎熟，取出。

做法

①取一片吐司，铺上一片芝士，再铺上煎好的鸡蛋。

②加入沙拉酱，铺上切好的火腿片。

③将另一片吐司盖上，切成三角形即可。

泰式鲜虾沙拉

材料

鲜虾200克，豆芽100克，黄瓜50克，洋葱25克，红辣椒1个，柠檬汁、鱼露、盐、胡椒粉各适量

预处理

①黄瓜、洋葱、红辣椒洗净切丝。

②锅中注水烧开，倒入豆芽，焯30秒，捞出；放入鲜虾，煮至熟透，捞出，去头、去壳、去虾线。

③柠檬汁、鱼露、盐和胡椒粉调成酱汁。

做法

①将所有蔬菜和鲜虾放碗中。

②倒入调好的酱汁，拌匀即可。

装盒

在一层便当盒中铺上洗净的生菜，装入泰式鲜虾沙拉，在另一层盒中放入三明治即可。

《

微波时间
1分钟

难易度
★★★

适用人份
2人份

野餐三明治便当

三明治

凉拌西蓝花

梅渍圣女果

越南春卷

三明治

材料

全麦吐司200克，红薯200克，火腿肠50克，火腿100克，胡萝卜、紫甘蓝、生菜、蛋酥、食用油、沙拉酱、车达芝士片各少许

预处理

①生菜洗净，撕成大块；火腿切成片；火腿肠切段。

②紫甘蓝、胡萝卜洗净切碎，拌入沙拉酱中。

③红薯洗净去皮，入蒸锅蒸熟，取出，按压成泥。

④两片火腿中夹一片车达芝士片，对半切开。

⑤热油锅，放入火腿肠煎熟，取出，备用。

做法

①将一片吐司抹上拌好的蔬菜沙拉酱，再盖上一片吐司，抹上红薯泥，再盖上一片吐司，放上生菜、车达芝士片，再盖上最后一片吐司，即为红薯三明治。

②在一片吐司上摆上火腿芝士片，再盖上一片吐司，抹上蛋酥，再盖上一片吐司，放上火腿肠，挤上沙拉酱，再盖上最后一片吐司即为火腿三明治。

凉拌西蓝花

材料

西蓝花250克，鲣鱼酱油、黑胡椒各少许

预处理

①西蓝花洗净切成小块。

②锅中注水烧开，放入西蓝花煮熟，捞出。

做法

西蓝花装碗，放入鲣鱼酱油、黑胡椒搅拌均匀即可。

梅渍圣女果

材料

圣女果300克，话梅15克，冰糖15克，梅子醋30毫升

预处理

①圣女果洗净，底部用刀划十字。

②圣女果放入沸水锅中，烫片刻，捞出，浸冰水，去皮。

③锅中放500毫升水，沸腾后放入话梅、冰糖、梅子醋，加热至冰糖完全溶解后，放凉备用。

④取一容器，放入去皮的圣女果，再淋上步骤③的酱汁，密封后放进冰箱冷藏2天即可。

越南春卷

材料

越南米片250克，米粉50克，绿豆芽50克，莴笋叶60克，虾仁60克，鱼露10毫升，白糖5克，泰式辣椒酱10克，蒜泥、香菜、罗勒、薄荷叶各适量

预处理

①将蒜泥、鱼露、白糖、泰式辣椒酱拌匀，制成蘸料。

②锅中注水烧开，放入米粉煮熟，捞出；放入虾仁，煮熟，捞出。

做法

①米片泡温水变软后立即移到干的盘子上铺平。

②依序摆上虾仁、米粉、莴笋叶、绿豆芽、香菜、罗勒、薄荷叶，再将春卷皮卷起来，食用时搭配蘸料即可。

装盒

将梅渍圣女果、凉拌西蓝花分别装入盒中，放入野餐篮，再将其他食物一起放入野餐篮即可。

微波时间
2分钟

难易度
★ ☆ ☆

适用人份
1人份

春卷便当

动物西瓜

花色萝卜

炸春卷

酸辣土豆丝

动物西瓜

材料

黄瓤西瓜80克

做法

①西瓜切厚片，用动物模具压出几块动物西瓜。

②换上星星模具，压出几块星星西瓜。

Tips
水果要切得厚一些，以免挪动时不方便。

酸辣土豆丝

材料

土豆1个，小红椒1根，蒜、葱、白醋、盐、食用油各适量

预处理

①土豆洗净去皮，切丝，放入清水中浸泡洗净，捞出沥干。

②小红椒洗净切丝；蒜洗净剥皮拍碎；葱洗净切成葱花。

做法

①热锅倒油烧热，放蒜末、红椒丝爆香。

②放入土豆丝炒匀，加盐调味，把白醋沿锅边淋入，撒葱花，炒匀关火。

花色萝卜

材料

紫甘蓝30克，白萝卜1段，盐、白醋、白糖各适量

预处理

①白萝卜洗净削皮，切厚片，用模具压出花形；紫甘蓝洗净切块，放入榨汁机中榨汁，过滤去残渣。

②锅中注水烧开，倒入白萝卜，煮2分钟，捞出。

③在紫甘蓝汁中加入白糖、白醋、盐拌匀，放入白萝卜，泡至白萝卜变色即可取出。

炸春卷

材料

春卷皮100克，包菜70克，瘦肉80克，香干40克，盐、鸡粉、料酒、生抽、水淀粉、食用油各适量

预处理

①包菜、瘦肉、香干洗净切丝。

②锅中注油烧热，放入瘦肉丝，淋入料酒炒香，放入香干丝、包菜丝炒匀，加入少许盐、生抽、鸡粉炒匀，倒入适量水淀粉炒匀，即为馅料，盛出。

③春卷皮中包好馅料，用水淀粉封边，制成春卷坯。

做法

锅中注油烧热，放入春卷坯，小火炸至熟透，外表呈金黄色，捞出，放在吸油纸上控油即可。

装盒

在便当盒中装入熟米饭压平，撒上少许紫甘蓝碎，摆上动物西瓜和花色萝卜，另一侧放入春卷码好，盛入酸辣土豆丝，以法国香芹装饰即可。

微波时间
2分钟

难易度
★★★

适用人份
1人份

荞麦面便当

荞麦蘸面

蒸南瓜

凉拌四季豆

姜汁猪肉

荞麦蘸面

材料

荞麦面100克，淡色酱油60毫升，味淋40毫升，芥末少许

预处理

①将淡色酱油、味淋、芥末混合均匀成味汁。

②取空锅，倒入拌好的味汁，以小火煮开成酱汁，放凉后冷藏备用。

做法

①锅中注水烧开，放入荞麦面。

②煮熟后捞出，冲冷水，沥干水分备用。

③食用时取适量荞麦面，蘸取酱汁即可。

Tips

煮好的面中拌上适量熟油，可以防止面条粘连。

蒸南瓜

材料

南瓜400克，盐少许

预处理

①南瓜洗净去皮、去子。

②将南瓜切成块。

做法

①将南瓜放入蒸盘，撒上少许盐。

②将蒸盘放入蒸锅中，蒸10分钟，取出即可。

姜汁猪肉

材料

五花肉300克，洋葱100克，姜末、蒜末、盐、酱油、食用油各适量

预处理

①洋葱洗净切丝；五花肉洗净切片。

②锅中注水烧开，放入五花肉片，汆2分钟，捞出。

做法

①锅中注油烧热，爆香姜末、蒜末、洋葱丝。

②放入五花肉片，淋入酱油、盐，炒入味。

③注入少许清水，焖5分钟，转大火收汁即可。

凉拌四季豆

材料

四季豆100克，蒜末5克，盐、黑胡椒碎、食用油各适量

预处理

①将四季豆洗净，去除老筋，切成小段。

②锅中注水烧开，放入四季豆，淋入少许食用油，煮至熟透，捞出，泡入冰水中。

做法

①把四季豆沥干水分装碗，放入蒜末。

②撒上盐、黑胡椒碎拌匀即可。

装盒

将蒸南瓜、姜汁猪肉、凉拌四季豆分别装入小盒中，再放入便当盒内，然后装入荞麦蘸面和酱汁即可。

微波时间
3分钟

难易度
★★★

适用人份
1人份

双寿司便当

香菇酿豆腐

日式牛蒡

培根芦笋卷

寿司

寿司

材料

鸡蛋4个，熟米饭200克，油豆腐皮70克，高汤160毫升，味淋15毫升，白糖30克，日式酱油15毫升，海苔片、食用油、寿司醋、肉松、萝卜大根各适量

预处理

①萝卜大根洗净切条。

②热油锅，将鸡蛋打散，并煎成蛋皮，取出，放凉后切丝。

③将油豆腐皮从中间切开，用擀面杖擀平，再从切口处拨开油豆腐皮。

④锅中放入高汤、味淋、白糖、日式酱油拌匀，再放入油豆腐皮，煮至略收干后关火，取出沥干汤汁。

做法

①熟米饭中加入寿司醋，拌匀；在卷寿司的竹帘上摆上海苔片，再将寿司饭平铺在海苔上，放上肉松、萝卜大根条、蛋皮丝后，卷起来压紧，切段，即成海苔寿司。

②将寿司饭填入油豆腐皮中，即成稻荷寿司。

日式牛蒡

材料

牛蒡250克，白醋适量，白糖50克，味淋30毫升，白芝麻5克，鲣鱼酱油30毫升，芝麻油少许

预处理

牛蒡去皮切丝，倒入沸水锅中，淋入白醋，煮5分钟捞出。

做法

①锅中放入味淋、鲣鱼酱油、白糖，再放入牛蒡丝。

②拌炒至收汁，放入芝麻油、白芝麻拌匀即可。

培根芦笋卷

材料

芦笋100克，金针菇150克，培根3片，黑胡椒粉少许，黄油20克

预处理

①培根对半切；芦笋、金针菇洗净，切成约6厘米的长段。

②锅中注水烧开，放入芦笋段，氽1分钟，捞出。

③取培根平铺，放上芦笋段、金针菇段，卷起用牙签固定。

做法

①平底锅开小火加热，放入黄油化开，放入培根卷，以小火煎至表皮微焦再翻面。

②转大火逼油，盛盘后，撒上黑胡椒粉即可。

香菇酿豆腐

材料

肉末100克，干香菇30克，鲜香菇40克，豆腐60克，蒜末、葱花、盐、胡椒粉、蚝油、米酒、芝麻油各少许

预处理

①干香菇用水泡软后切成末；鲜香菇洗净去蒂；豆腐捏碎。

②肉末中放干香菇末、豆腐碎、蒜末、葱花、盐、胡椒粉、蚝油、米酒、芝麻油拌匀，填入鲜香菇中，即成生坯。

做法

把生坯放入电蒸锅中，蒸10分钟即可。

装盒

将两种寿司装入一个小格中，剩余菜肴分别装入其他小格中，一起放入便当盒内即可。

微波时间
1分钟

 难易度
★☆☆

适用人份
1人份

紫薯寿司便当

蜂蜜柠檬茶

水果沙拉

紫薯寿司

水果沙拉

材料

芒果1个，酸奶150克，苹果1个，橙子1个，柠檬汁适量

预处理

①芒果、橙子洗净去皮，切块。

②苹果洗净去核，切成块状，泡入柠檬汁中，防止氧化。

做法

①将切好的水果放在同一个玻璃碗中。

②倒入酸奶，翻拌均匀即可。

蜂蜜柠檬茶

材料

新鲜柠檬1个，蜂蜜少许，盐适量

预处理

①柠檬用温水（40℃左右）浸泡10分钟，水内加一小勺盐。

②捞起柠檬，另取盐将柠檬外表搓遍。

③用净水将柠檬清洗干净，控干水分后，切成厚度适宜的薄片。

做法

①取一个便携的杯子，加入若干片柠檬，再加入蜂蜜。

②倒入事先准备好的凉白开即可。

紫薯寿司

海苔1片，熟米饭150克，蟹肉棒50克，火腿肠1根，紫薯1个

预处理

①紫薯洗净，放入蒸锅中蒸熟，取出，放凉去皮，压成泥。

②将紫薯泥和熟米饭一起拌匀。

③锅中注水烧开，放入蟹肉棒，煮至熟透，捞出，竖着对半切开。

④火腿肠竖着对半切开。

做法

①在寿司卷帘上铺上一片海苔。

②取适量紫薯泥饭放入海苔内压平。

③放上切好的火腿肠和蟹肉棒，把海苔卷起来。

④等寿司定型后，打开寿司卷帘取出紫薯寿司，切段即可。

装盒

在便当盒中垫入洗净的紫叶生菜，放入紫薯寿司，再把沙拉装入小盒内，放入便当盒中即可。

彩虹饭团

微波时间
3分钟

难易度
★☆☆

适用人份
2人份

动物饭团便当

动物饭团

蔬菜沙拉

彩虹饭团

材料

熟米饭1碗，菠菜、苋菜各适量

预处理

①菠菜、苋菜洗净切段。

②锅中注水烧开，放入菠菜，烫1分钟，捞出；再放入苋菜，烫1分钟，捞出。

③把菠菜和苋菜分别榨出汁，备用。

做法

①取一半熟米饭，倒入菠菜汁拌匀。

②取一半熟米饭，倒入苋菜汁拌匀。

③取适量米饭团一个菠菜饭团、一个苋菜饭团。

④将剩下的两种米饭团在一起，制成双色饭团。

Tips 蔬菜汁也可以用菠菜粉和樱花粉代替。

动物饭团

材料

熟米饭1碗，火腿、海苔片各少许

做法

①将米饭放于保鲜膜中，捏成圆饼状。

②海苔用造型压花器压出熊猫的五官和小猪的眼睛放于饭团上。

③将火腿肠切出小猪的鼻子和耳朵，放于饭团上即可。

蔬菜沙拉

材料

苦菊80克，紫叶生菜少许，鸡蛋1个，沙拉酱少许

预处理

①苦菊、紫叶生菜洗净切段。

②把鸡蛋放入沸水锅中，煮熟，捞出过凉水。

做法

①熟鸡蛋剥去外壳，切厚片。

②苦菊、紫叶生菜铺入底部，撒上鸡蛋片。

③淋入沙拉酱，食用时拌匀即可。

装盒

每个饭团分别用隔碗装好，放入便当盒中，再将沙拉装入另一个便当盒中即可。

微波时间
2分钟

难易度
★☆☆

适用人份
1人份

煎饺便当

香菇煎饺

五彩黄鱼羹

香菇煎饺

材料

香菇末80克,肉末100克,鸡蛋1个,饺子皮适量,葱末、姜末、香菜末、鸡粉、盐、酱油、蚝油、食用油各适量

预处理

①肉末加香菇末、葱末、香菜末、姜末、鸡蛋、盐、鸡粉、酱油、蚝油,拌匀成饺子馅。

②取适量饺子馅放入饺子皮中,放入冰箱冷冻。

做法

锅中注油烧热,放入饺子,小火煎1分钟,注入适量清水,没过饺子1/3处,盖盖,煎至水干即成。

150

五彩黄鱼羹

材料

小黄鱼200克，西芹、去皮胡萝卜、松子仁、鲜香菇各50克，葱末、
姜丝各适量，食用油、盐、料酒、水淀粉、胡椒粉、芝麻油各适量

预处理

①处理好的小黄鱼剔骨切丁。

②西芹、胡萝卜洗净切丝。

③香菇洗净切片。

做法

①锅注油烧热，倒入葱末、姜丝，炒香。

②倒入适量清水，放入西芹丝、胡萝卜丝、香菇片炒香。

③放入松子仁、鱼肉，煮至熟。

④加入盐、料酒、胡椒粉，搅拌调味。

⑤倒入水淀粉勾芡，滴入少许芝麻油，盛出即可。

装盒

将煎饺与鱼羹分别装入两个便当盒中即可。

微波时间
2分钟

难易度
★★☆

适用人份
1人份

炒米粉便当

韭菜炒
绿豆芽

凉拌龙须菜

炒米粉

清蒸鳕鱼

炒米粉

材料

米粉100克，猪肉50克，胡萝卜、包菜各40克，虾米、盐、酱油、料酒、水淀粉、黑胡椒粉、食用油各适量

预处理

①包菜洗净切丝；胡萝卜洗净切丁。

②猪肉切丝，加入盐、料酒、水淀粉拌匀，腌渍片刻。

③起油锅，下虾米爆香，放入猪肉丝炒至变白，盛出。

④沸水锅中放少许盐和食用油，倒入米粉烫15秒后，关火，盖上锅盖闷一下。

做法

①起油锅，将胡萝卜丁和包菜丝炒软，加入水和酱油炒匀。

②倒入米粉和肉丝虾米，搅拌均匀，撒上黑胡椒粉炒匀，待米粉吸饱汤汁即可。

清蒸鳕鱼

材料

鳕鱼200克，小葱、生姜、辣椒各适量，米酒15毫升，盐、食用油各少许

预处理

小葱、辣椒洗净切丝；生姜洗净去皮，切丝。

做法

①鳕鱼放在盘中，淋上米酒，撒上盐，摆上姜丝。

②把鳕鱼放入电蒸锅中，蒸至熟透，再撒上葱丝、辣椒丝。

③锅中注油烧热，浇在鳕鱼上即可。

韭菜炒豆芽

材料

豆芽100克,韭菜40克,蒜末、盐、胡椒粉、食用油各适量

预处理

韭菜洗净切段;豆芽放入沸水锅中,焯片刻,捞出。

做法

①起油锅,放入蒜末爆香,再加入韭菜段炒匀。

②放入豆芽拌炒片刻,加入盐、胡椒粉调味即可。

凉拌龙须菜

材料

龙须菜100克,白芝麻适量,橄榄油20毫升,芝麻油8毫升,昆布高汤、酱油、蒜末、胡椒粉、柠檬汁各少许

预处理

①龙须菜洗净切段。

②将芝麻油、昆布高汤、酱油、蒜末、胡椒粉、柠檬汁拌匀,制成酱汁。

③锅中注入适量清水烧开,放入龙须菜段,淋入少许橄榄油,煮1分钟,捞出。

做法

①将龙须菜装入碗中,淋入酱汁拌匀。

②撒上白芝麻即可。

装盒

将米粉装入便当盒中,旁边摆上蒸鳕鱼,再将剩余两种菜肴分别装入两个格子中即可。